GUIDE POUR ÉLEVER

LES

FAISANS, COLINS, PERDRIX, ETC.

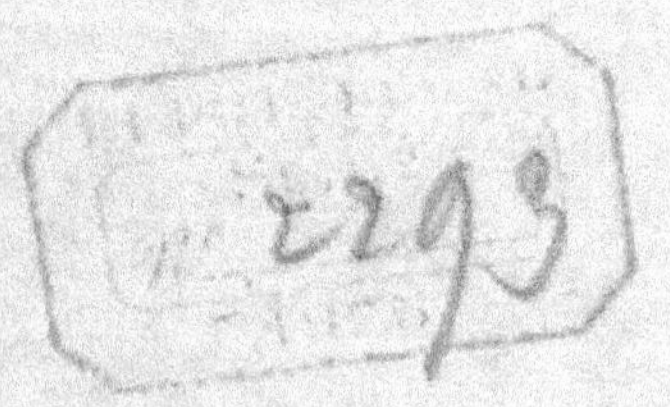

ALFRED TOUCHARD (Arthur Legrand)

GUIDE POUR ÉLEVER

LES

FAISANS

COLINS, PERDRIX, CAILLES

PAONS, CANARDS MANDARINS ET DE LA CAROLINE

CYGNES BLANCS ET NOIRS

PARIS

LIBRAIRIE CENTRALE D'AGRICULTURE ET DE JARDINAGE

RUE DES ÉCOLES, 62, PRÈS LE MUSÉE DE CLUNY

— Auguste GOIN, éditeur —

AVANT-PROPOS

La vogue des poules rares commence à se passer; les
amateurs ont compris que toutes ces espèces, plus ou
moins belles, et dont on leur a tant vanté les qualités, ne
devaient leur valeur qu'à leur nouveauté et surtout à leur
grand prix. En effet, quels avantages réels possèdent-
elles? En passant rapidement en revue quelques espèces,
on verra qu'elles devaient inévitablement tomber en dé-
faveur, on est même étonné que cette vogue ait duré si
longtemps. La poule de Cochinchine et toutes les espèces
qu'elle a formées eurent d'abord le plus de succès; beaucoup plus grosses que nos poules de ferme, elles pondent
davantage, surtout en hiver; de plus, elles sont couveuses
infatigables : voilà leurs qualités. Mais leurs défauts l'em-
portent de beaucoup; ainsi elles couvent trop, ce qui devient très-incommode dans les grandes fermes, où elles
restent toujours sur les nids dans les poulaillers: leurs
corps pesants font souvent casser les œufs, ou écraser les
petits; si ce malheur n'arrive pas, elles les abandonnent
à peine couverts de plumes, pour se remettre à pondre,
les laissant exposés au froid. De plus, il est maintenant
reconnu, même par les quelques partisans qui leur restent, que leur chair est bien inférieure comme qualité;
elle est filandreuse et sans saveur; aussi, sont-elles payées
moins cher par les marchands de volaille. Ce seul défaut
devrait grandement suffire, à mon avis, pour les faire exclure de nos basses-cours, sauf à examiner si l'on a quelque avantage à les croiser avec nos poules de ferme, ce
qui me paraît bien préférable

Les Hollandaises, les Padoue et leurs variétés sont fort
bien nommées *poules riches*, car on sait qu'elles sont très-
mauvaises pondeuses et difficiles à élever: de plus, elles
ne couvent jamais.

Les poules Malaises et de Combat sont querelleuses et méchantes; on doit les exclure d'une basse-cour si l'on ne veut pas la voir bientôt couverte de sang.

Les espèces Dorking et du Gange sont, il est vrai, bonnes pondeuses, mais leur plumage et leur forme n'ont rien d'extraordinaire, et elles diffèrent peu de la poule commune. Je ne parlerai pas des petites espèces, comme les Bantam, les Java, les Coucou, etc., etc. — Je les considère comme des oiseaux de luxe, et tout le monde sait qu'elles couvent et pondent mal. Quelles sont donc les poules qui doivent avoir la préférence? Ce sont tout simplement les poules de Crèvecœur, de la Flèche, du Mans ou, mieux encore, celles de Houdan : elles ne coûteront pas si cher, et l'on aura de très-bonnes pondeuses; mises à l'engrais, elles fourniront une chair délicieuse. Mais comme ces poules à huppe ne couvent jamais lorsqu'elles sont pures, il faut avoir quelques poules croisées de Cochinchine, qui donneront des œufs en hiver, et, de plus, couveront et élèveront parfaitement les œufs et les petits qu'on leur donnera.

Les éleveurs de perdreaux, de cailles et de colins doivent rechercher la poule négresse de la plus petite espèce; c'est la meilleure couveuse que nous ayons eue jusqu'à ce jour, et sa douceur évite bien des accidents.

Les petites poules pattues sont aussi très-bonnes, mais elles demandent à couver bien moins souvent que les négresses. L'amateur de poules a encore un autre désappointement qui n'est pas une des moindres causes qui le déterminent à les abandonner; c'est que, lorsqu'il a payé une paire de ces oiseaux bien cher et qu'il en a obtenu des petits, il est tout étonné de ne pouvoir en trouver le placement, parce que les marchands ne lui en offrent que le quart du prix qu'il a payé les couples reproducteurs, quoique ses élèves ne le cèdent en rien pour leur beauté à ces derniers. L'amateur d'oiseaux rares et de faisans n'a pas à redouter ce désagrément; depuis plus de vingt ans,

les prix sont restés et resteront probablement les mêmes,
variant seulement d'un ou deux francs, selon que l'année
a été plus ou moins favorable. On sait d'avance à quel
prix on pourra se défaire des jeunes oiseaux qu'on a
élevés; on peut, de plus, rentrer dans ses déboursés par
les produits que l'on obtient; et l'amateur qui a quelque
habitude peut même, chaque année, faire l'acquisition
de nouvelles espèces avec les bénéfices qu'il a obtenus.
On a, de plus, une grande jouissance à élever des oiseaux
dont les mœurs sont bien différentes de nos espèces in-
digènes; cette jouissance n'existe pas dans l'élevage des
poulets; rien n'est, en effet, plus connu et plus facile.
Ils diffèrent par le plumage, mais non par les mœurs, et
la plus simple fille de basse-cour en remontrerait, j'en
suis persuadé, à un grand nombre de connaisseurs. Tous
les amateurs ont dû s'apercevoir de l'insuffisance des
renseignements donnés par quelques ouvrages sur l'élevage de certains oiseaux de chasse ou d'ornement. Il y en
a même dans lesquels on ne trouve aucun renseignement
sur leur reproduction et leur élevage. En effet, les quelques brochures qui ont déjà paru sur les faisans ont été
écrites pour les riches propriétaires qui élèvent en grand
pour leur chasse; aussi, manquent-elles des petits détails
dont l'ignorance fait échouer les éleveurs commençants.

Qu'arrive-t-il de cet état de choses? C'est que certaines
espèces fort jolies, et d'une éducation facile, se trouvent
décriées par certains amateurs qui n'ont pu les élever ou
les conserver, faute de connaissances essentielles qui ne
peuvent s'apprendre que par une longue expérience.

C'est précisément à ce manque d'expérience que je vou-
drais remédier, en faisant connaître les petits secrets de
l'élevage, et par ce moyen faire éviter des pertes et des
déceptions qui finissent par décourager.

Dans ce petit ouvrage, je mentionne les faits tels qu'ils
sont, en y mettant le plus de simplicité et de clarté possi-
bles; aussi, dois-je demander aux personnes qui me liront

de vouloir bien ne prendre ces quelques lignes que pour de simples notes recueillies depuis longtemps, et que je ne me suis décidé à mettre en ordre que sur l'instance de quelques-uns de mes amis, amateurs d'oiseaux comme moi, et qui ont reconnu toute la justesse de mes observations. Je ne traiterai que de quelques oiseaux de chasse ou d'ornement, qui me sont parfaitement connus et dont j'ai fait moi-même l'éducation.

Je compléterai ces renseignements en donnant les prix courants de ces différentes espèces, dont la valeur diffère quelquefois suivant la saison et l'âge des sujets.

Le goût des amateurs pour les oiseaux rares sera toujours amplement satisfait, de nouvelles espèces arrivant tous les jours : le coq de bruyère, le tétras, le faisan wallich, le marail, l'outarde, l'agami, le dindon ocellé, les hoccos, les lophophores, etc., etc , sont certainement destinés à devenir avant peu, comme les colins, les houppifères et les faisans, des oiseaux de chasse ou de volière. On a aussi de nouvelles espèces de colins, comme le colin d'Adanson, le franc-colin et le zoni-colin, qui ne sont pas encore livrées au commerce, mais tout le monde pourra s'en procurer facilement d'ici à deux ou trois ans.

Les amateurs d'oiseaux aquatiques pourront aussi se procurer les espèces les plus variées, car depuis quelque temps on introduit en France une grande quantité de cygnes, d'oies, de canards et de sarcelles, aussi remarquables par leur rareté que par la richesse de leur plumage. Je ne parlerai pas de leur éducation, qui est facile et connue de tout le monde ; je ferai toutefois une exception à l'égard des mandarins et des carolins; ces deux espèces diffèrent tellement des autres palmipèdes, qu'elles semblent plutôt, par leur tempérament et leurs mœurs, se rattacher à la grande famille des faisans.

GUIDE POUR ÉLEVER

LES

FAISANS, COLINS, PERDRIX, ETC.

DU FAISAN[1]

Faisan doré de la Chine

Ce faisan, nommé aussi faisan tricolore, ne se trouve à l'état sauvage qu'en Chine, dont il est originaire; sa chair est bonne à manger. Mais on ne le considère ordinairement que comme oiseau d'ornement; c'est, en effet, le plus beau que l'on connaisse, et le prix en serait beaucoup plus élevé s'il ne se reproduisait pas aussi facilement. Je ne m'arrêterai pas à décrire son plumage, dont tout le monde connaît et admire les couleurs éclatantes.

---

[1] Toutes les espèces de faisans réclament à peu près les mêmes soins, aussi ne détaillerai-je la manière de les élever qu'à l'article du *Faisan ordinaire ou des bois*, signalant toutefois, à chaque espèce, les observations qui lui sont propres,

Le coq, la première année, est d'un gris roux comme la femelle; il n'y a que sa huppe et son dos qui, commençant à rougir dès l'âge de trois mois, le font facilement distinguer de cette dernière. Ce n'est qu'à la seconde mue, du 15 au 30 juin de l'année qui suit sa naissance, que, devenu tout à fait adulte, il revêt son beau plumage.

Le doré met deux ans à acquérir son entière croissance, et, par suite, il reproduit beaucoup plus longtemps que le faisan commun. J'en ai vu à Saint-Germain qui avaient plus de vingt ans, et qui, malgré leur âge avancé, donnaient d'abondantes pontes et des œufs toujours bien fécondés.

Il ne faut donner au coq que deux femelles, trois au plus, sous peine de voir les autres tuées ou délaissées, et pondre des œufs clairs.

La ponte commence vers le 15 avril, et il est à remarquer que, à un ou deux jours près, elle a lieu tous les ans à la même époque, lorsque les sujets se trouvent dans de bonnes conditions de logement et de nourriture; elle finit du 15 au 20 avril. Les œufs de cette espèce sont jaune clair, mouchetés de blanc; ils sont plus petits et plus fragiles que ceux des faisans ordinaires; aussi doit-on employer de préférence, pour les couver, des poules de petite taille. Les poules faisanes dorées pondent rarement la première année; il y en a cependant qui donnent à un an, surtout lorsqu'elles sont fortes et bien portantes, de cinq à dix œufs et même beaucoup plus, mais c'est très-rare; à deux ans elles donnent de vingt-cinq à trente œufs. Ces œufs sont plus rarement clairs que dans les autres espèces; les petits naissent au bout de vingt-deux jours d'incubation; ils sortent facilement de leur coquille, qu'ils fendent par le milieu, et on les voit, deux ou trois heures après leur naissance, vifs, bien portants et marchant avec facilité.

Le doré craint l'humidité, qui lui fait porter l'humeur aux yeux et le rend aveugle. Un trop grand nombre de ces oiseaux, resserrés dans un petit espace, sont exposés à être atteints du même mal. On doit séparer le plus promptement possible ceux qui sont attaqués, car les autres gagnent en fort peu de temps cette maladie, qui est presque toujours mortelle. Il est, du reste, bien facile d'y remédier en leur donnant de l'air et un peu d'espace. Un parquet de 1 mètre 50 centimètres de large sur 3 mètres de long suffit grandement à trois poules et un coq. Cette espèce, quoique d'une race fort éloignée du faisan ordinaire, se croise cependant avec ce dernier, mais difficilement. On obtient des mulets rouges, qui n'ont pas une grande valeur à cause de leur infécondité.

Le faisan doré est certainement une des deux espèces les plus faciles à élever, surtout pour les amateurs qui ne disposent pas d'un grand emplacement. Il a plusieurs grands avantages, qui sont : 1° de ne jamais se piquer[1], quelque resserré qu'il soit dans

---

[1] Voir ce que nous disons à ce sujet dans le courant du paragraphe *Nourriture des faisandeaux*.

de petits parquets; 2° de ne jamais se tuer comme les autres espèces, parce que ce n'est jamais sa tête, mais ses pattes qui portent contre les grillages lorsqu'il est effrayé; 3° de n'avoir besoin d'œufs de fourmis que pendant un mois ou six semaines; passé cette époque, quelques œufs durs hachés avec du pain suffisent pour l'entretenir en bonne santé jusqu'au moment critique du renouvellement de sa queue, qui se fait beaucoup plus facilement chez lui que chez les autres espèces.

Faisan charbonnier

Ce faisan est une variété du doré, dont il ne diffère que par les côtés de la tête qu'il a noirs; le ventre et les cuisses sont d'un rouge marron qui fait mieux ressortir ses belles couleurs. La femelle est brune et presque chocolat, ses œufs sont ronds, plus petits et d'une teinte plus foncée que ceux des faisans dorés. On voit quelquefois des dorés produire des charbonniers et réciproquement.

Faisan argenté

Beaucoup plus gros que le commun, l'argenté est, de tous les faisans, le plus facile à élever. Quelques œufs de fourmis durant le premier mois lui suffisent, et, à leur défaut, les œufs durs peuvent les remplacer. Ce faisan est originaire des parties septentrionales de la Chine. Comme le doré, il ne prend tout l'éclat de son plumage et ne reproduit bien qu'à deux ans; comme lui aussi, il ne doit avoir que deux ou trois femelles; deux est même le nombre qui lui convient le mieux.

La ponte commence dans les premiers jours d'avril. La femelle ne produit presque jamais la première année, ou tout au plus cinq ou six œufs; à deux ans, elle en pond vingt-cinq ou trente. Le coq est souvent porté à manger ses œufs; on remédie à cet inconvénient en plaçant autour du parquet des paillassons sous lesquels va pondre la femelle. Ses œufs sont jaunes, mouchetés de blanc, assez semblables, pour la forme et la grosseur, aux œufs des poules brahma-pootra. Les petits sont vingt-cinq jours à éclore et sortent assez difficilement de leur coquille.

On ne distingue la première année les jeunes mâles des femelles qu'en ce que ceux-là ont le poitrail et la queue plus blancs, la huppe plus noire et plus forte; les éperons sont aussi plus prononcés. Le faisan argenté est bon à la reproduction pendant plus de vingt-cinq ans; il est robuste et peu sujet aux maladies; il se pique quelquefois lorsqu'on l'élève dans un endroit par trop resserré. Il faut bien se garder de le mettre avec d'autres faisans, qu'il tuerait impitoyablement s'il n'avait pas été élevé avec eux. Il est si peu farouche qu'on peut sans inconvénient le lâcher dans une basse-cour, où il vit en parfaite intelligence avec les poules.

L'argenté se croise difficilement avec la poule faisane des bois; il faut, pour réussir, que ce soit, comme pour le faisan doré, un jeune mâle n'ayant jamais produit avec une femelle de son espèce; la poule ordinaire doit aussi n'avoir jamais reproduit avec un mâle de sa race.

Faisan de l'Inde

Il y a fort peu de temps que cette espèce a été importée en France, et on l'a de suite tellement croisée avec l'ordinaire qu'on n'en trouve plus de purs, ou très-difficilement.

Le coq doit avoir la tête fine, le cou mince, allongé et coupé, vers le milieu, d'un large collier blanc; sa gorge est à reflets violets; le bas du dos et les ailes sont d'un vert clair; les flancs sont jaune clair, mais toutes les plumes qui les couvrent sont marquées à leur extrémité d'un point noir régulier; la queue est courte, pointue, brune et rayée transversalement. La femelle est plus petite et plus élancée que le mâle; son plumage est d'un gris cendré à reflets violets.

L'indien se distingue de suite du faisan ordinaire par sa tête beaucoup plus petite, qu'il porte rejetée en arrière, et par sa queue, qu'il relève presque perpendiculairement en marchant.

On reconnaît l'indien croisé à sa plus grande taille, au vert de son dos, qui tire sur le rouge, à ses ailes, qui sont grises, au lieu d'être vertes, et surtout à ses flancs, qui sont mouchetés irrégulièrement sur un fond jaune à reflets rouges comme chez le faisan ordinaire. Il est aussi moins farouche que l'espèce pure, car c'est un signe caractéristique de sa race.

Cette espèce commence sa ponte du 10 au 30 avril, et la finit dans le courant de juin ; ses œufs, au nombre de trente à quarante, sont vert olive foncé, presque ronds et beaucoup plus petits que ceux des faisans ordinaires. La ponte est chez les femelles plus abondante la seconde année que la première. Il faut changer les couples reproducteurs tous les cinq ans. Un parquet de 3 à 4 mètres carrés suffit à cinq poules et un coq. Les faisandeaux indiens, dès leur naissance, se distinguent à deux raies noires très-foncées qu'ils ont de chaque côté du front ; les raies noires qu'ils ont sur le corps sont aussi beaucoup plus prononcées que chez le faisandeau ordinaire. Dans sa jeunesse, il se pique tout autant que ce dernier.

En balançant les qualités et les défauts de l'indien, on ne sait s'il doit être préféré à l'ordinaire. Il est certainement beaucoup plus joli que ce dernier ; sa ponte est plus abondante ; les jeunes éclosent mieux et sont toujours plus vigoureux ; mais il se pique comme le faisandeau commun ; de plus, il est extrêmement farouche, et se tue souvent au toit de sa prison, si l'on n'a soin de lui couper une aile ou de le couvrir d'un filet. Lâché dans les bois, on ne le rattrape jamais sous les cages, dont son caractère méfiant l'éloigne toujours, malgré la faim qui le tourmente. Il

vole, il est vrai, beaucoup mieux que le commun;
mais il en profite souvent pour changer de canton s'il
se trouve effarouché plusieurs fois de suite. Il n'est
donc possible de le conserver que dans les grandes
forêts.

Les métis seuls peuvent avoir quelques avantages,
en ce que, s'ils sont plus petits, ils ont du moins le
grand avantage d'être plus féconds que les faisans
ordinaires.

Faisan versicolore

Cette espèce, originaire du Japon, d'où elle a été
importée tout récemment en Europe, se rapproche
beaucoup du faisan commun, avec lequel elle se
croise parfaitement. Les jeunes réclament les mêmes
soins que ces derniers.

Faisan à collier

Regardé autrefois comme une variété de l'ordinaire, avec lequel il se croise et donne des métis féconds, le faisan à collier est reconnu aujourd'hui
comme une espèce distincte, apportée il n'y a pas
longtemps de la Chine, où on le trouve à l'état sauvage. Il a les mêmes mœurs que le faisan commun,
dont il ne diffère que par un plumage plus varié; ses
flancs sont rouges, tiquetés de noirs; son cou est
orné d'un beau collier blanc qui lui a fait donner son
nom. Il est difficile de reconnaître les femelles de

cette espèce avec celles du commun; cependant, elles sont généralement plus brunes, et les raies transversales de la queue sont aussi plus marquées que dans cette dernière espèce; les œufs sont exactement semblables à ceux des faisans ordinaires.

Faisan de Bohême

Ce faisan paraît être de la même espèce que le précédent, dont il ne diffère que par sa grande taille et par la longueur de sa queue. La nourriture et les soins qu'on lui donne dans ce pays sont probablement la seule cause de cette différence.

Faisan panaché

Cette espèce est identiquement la même que celle du faisan commun, dont elle ne diffère que par quelques taches blanches semées irrégulièrement sur tout son corps par une bizarrerie de la nature. Lorsqu'on élève beaucoup de faisans ordinaires, il n'est pas rare d'obtenir dans le nombre quelques panachés. Une paire de faisans de cette espèce produit toujours des faisandeaux panachés; seulement, ils le sont toujours irrégulièrement.

Les coqs diffèrent des poules par leurs crêtes et leurs taches, qui sont rouges au lieu d'être grises comme chez ces dernières. Les œufs sont de la même grosseur, mais d'un vert un peu plus clair que ceux des faisans communs. Les faisandeaux sont aussi moins sujets à se piquer ; ils demandent les mêmes soins que les communs.

*

Faisan blanc

Ce faisan, comme le précédent, est exactement de la même race que le commun, et il n'est nullement originaire de l'Afrique, comme voudraient le faire croire certains éleveurs. Nous avons eu plusieurs exemples de coqs et poules faisans ordinaires produisant des blancs ; mais ces exemples arrivent très-rarement ; aussi a-t-on d'autres moyens pour créer cette variété.

En ayant soin de mettre ensemble les faisans panachés les plus blancs, on arrive, après un certain nombre d'années, à avoir les meilleurs faisans blancs, parce que les faisandeaux qui en proviennent sont généralement d'un blanc pur.

En mettant une poule ordinaire avec un coq blanc, on en obtient encore plus facilement qu'avec le même coq et une poule panachée, parce qu'on a souvent des faisans ou tout blancs ou tout ordinaires.

Ce faisan n'a pas un brillant plumage. D'un blanc uniforme, le mâle ne diffère de la femelle que par la longueur de sa queue et de ses éperons ; sa crête est aussi plus large et plus rouge. Il ne doit sa grande valeur qu'à sa rareté, qui provient et de la difficulté que l'on a d'obtenir des jeunes d'un blanc pur, et de

sa constitution délicate, qui en fait un faisan difficile à élever. Il demande les mêmes soins que le commun, et a l'avantage de beaucoup moins se piquer
que ce dernier.

Faisan cendré

Ce faisan paraît, au premier abord, une espèce
distincte du faisan commun ; il n'en est cependant
rien, et le faisan cendré, comme le panaché et le
blanc, n'en est qu'une variété.

Beaucoup moins commun en France qu'en Allemagne, où on l'élève dans les bois pour la chasse, le
cendré s'obtient très-difficilement avec des faisans
ordinaires. Cependant, une personne digne de foi
nous a affirmé en avoir eu des jeunes avec des faisans communs.

On peut, pour ainsi dire, compter deux espèces de
faisans cendrés : l'une se fait remarquer par les beaux
reflets azurés de son plumage et son large collier
blanc ; l'autre, beaucoup plus petite, est dépourvue
de collier et a aussi les couleurs moins vives.

La poule est aussi forte que celle du faisan commun ; elle se distingue facilement par son plumage
clair et couleur de cendre ; elle pond autant et donne
des œufs exactement de la même couleur.

Les jeunes réclament les mêmes soins que les faisandeaux ordinaires ; mais ils sont peut-être encore
plus portés à se piquer que ces derniers.

Faisan ordinaire ou des bois

Ce faisan se trouve à l'état sauvage sur les bords du Phase, fleuve de Colchide ; il est très-commun dans la partie méridionale de l'Asie. Farouche et solitaire à l'état sauvage, il devient familier et sociable à l'état domestique, et on le voit peu s'éloigner des bois qui l'ont vu naître.

Comme nous écrivons pour les amateurs qui élèvent pour leur agrément, et non pour les personnes qui s'occupent en grand de l'éducation des faisans pour leur chasse, nous n'entrerons ici dans aucun détail sur la manière d'établir une faisanderie.

DES PARQUETS

Chacun établit comme il l'entend, et selon la disposition du terrain ou des murs dont il peut disposer, les parquets ou volières dont il a besoin. Cependant, l'exposition du levant ou du midi est essentielle ; on ne doit, dans aucun cas, mettre ses faisans au nord, sous peine de les voir tristes, souvent malades, et pondant presque toujours des œufs clairs.

Chaque parquet doit être, autant que possible, adossé à un mur et à l'abri du vent du nord. Les deux tiers en doivent être couverts soit en zinc, soit en ardoises ; il ne faut pas employer le chaume, qui deviendrait un nid à rats. L'autre tiers sera couvert en grillage [1], pour que le faisan puisse recevoir la pluie et la rosée, ce qui lui fait plaisir et donne plus de brillant à son plumage.

On doit avoir soin, vers le 15 mars, un peu avant la ponte, et tout le temps qu'elle dure, d'établir entre chaque parquet une cloison assez épaisse pour que les mâles ne puissent se voir; ce qui les tourmenterait et nuirait à leur ardeur. Chaque parquet doit être pourvu d'un ou de plusieurs perchoirs de 3 ou 4 centimètres de diamètre. L'aire doit être garnie d'une épaisseur de 10 centimètres de sable : le sable de rivière est le meilleur. On doit avoir soin de le retourner de temps en temps pour prévenir les mauvaises odeurs, qui occasionneraient des maladies. On pourra aussi, dans le fond de chaque volière, appuyer dans les coins, le long du mur, une planche large de 30 à 40 centimètres, ou un petit paillasson sous lequel vont pondre les femelles. ce qui empêche souvent les œufs d'être cassés.

CHOIX DES BONS REPRODUCTEURS

On doit prendre pour la reproduction les faisans les plus gros et les plus ardents; ils doivent avoir la poitrine large, les cuisses musculeuses, les jambes fortes, les yeux vifs et ardents. Ils sont, ainsi que les poules, dès la première année, propres à la re-

---

[1] Employer le fil de fer galvanisé et la maille de 3 centimètres.

production, mais leur fécondité ne dure que quatre ou cinq ans; on doit à cet âge les remplacer par de plus jeunes. Les meilleures poules sont de moyenne grosseur; elles doivent avoir la tête forte, le cou gros et court, et un plumage luisant, ce qui, chez les oiseaux, est un signe certain de bonne santé.

NOURRITURE DES FAISANS MIS EN PARQUET

Le sarrasin mélangé de blé est la meilleure nourriture que l'on puisse donner aux faisans mis au parquet, c'est le grain le moins cher, et celui qu'ils aiment le mieux.

A partir du 15 mars et pendant la ponte, on donne tous les jours, à quatre heures du soir, un œuf dur haché avec le double de pain par parquet de cinq à six faisans; on leur donne ces œufs dans une petite boîte large et basse, afin qu'ils ne puissent tout renverser lorsqu'ils veulent manger tous ensemble.

Ce supplément de nourriture les échauffe et est indispensable si l'on veut avoir de gros œufs et une ponte abondante. Si l'on s'apercevait à cette époque que les coqs fussent mous et sans ardeur, ce qui se reconnaît à leurs mouvements et à leur crète, qui est petite et terne, au lieu d'être large et rouge cramoisi, on supprimerait le sarrasin tous les deux jours, en le remplaçant par du chènevis.

Au 1er juin, on donne un peu d'orge jusqu'au mois de septembre pour rafraichir les faisans échauffés par la ponte et les grandes chaleurs de l'été ; passé cette époque, on leur donne de nouveau le sarrasin.

On peut engraisser des faisans maigres avec du millet, mais les poules trop grasses pondent mal, et des œufs sans coquille, ou, s'ils en ont, elle est si mince qu'elle risque beaucoup de se trouver cassée pendant l'incubation.

Plus on donne de verdure aux faisans, mieux ils se portent ; on peut leur en donner même pendant la ponte, ce qui, loin de la retarder, la rend plus précoce et plus abondante. Les salades sont mauvaises, parce qu'elles ont l'inconvénient de les trop relâcher ; l'herbe de pré mêlée de petit trèfle est ce qu'il y a de meilleur.

Il est essentiel de choisir toujours des grains de première qualité, et de leur en donner abondamment dans une petite auge en bois ; l'eau doit être toujours bien claire et renouvelée tous les matins, surtout dans les grandes chaleurs.

DE LA PONTE

C'est du 10 au 20 avril que les poules faisanes commencent à reproduire ; elles pondent de deux ou trois jours l'un, vingt à vingt-cinq œufs, quelquefois plus, mais bien rarement.

Ces œufs sont bleu verdâtre, quelques-uns sont parfois presque marron, tiquetés de petits points blancs irréguliers ; mais ces derniers sont plus sou-

sont clairs. La ponte finit généralement vers la fin de juin. On croit, mais à tort, que ces derniers œufs ne valent rien; les petits en viennent quelquefois beaucoup mieux que dans ceux que l'on met couver en avril. Une poule est insuffisante à un bon coq, qui la tourmenterait sans cesse; cinq poules me paraissent le nombre le plus convenable.

Tous les matins en donnant le grain, et tous les soirs en distribuant les œufs durs, on doit avoir soin de ramasser les œufs pondus; les faisans pourraient, sans cette précaution, les casser ou les manger.

On doit se défaire à tout prix des faisans qui ont ce défaut; cependant, si on y tenait beaucoup, on peut quelquefois leur faire perdre cette mauvaise habitude : 1° en leur donnant beaucoup d'herbe; 2° en mettant dans leur parquet des œufs gâtés ou déjà couvés; 3° en plaçant dans les coins des planches couchées le long du mur, sous lesquelles les femelles vont pondre, comme nous l'avons dit ci-dessus.

DE LA COUVERIE ET DU CHOIX DES ŒUFS

La pièce que l'on destine aux poules couveuses doit être tranquille, sombre et peu sensible aux variations de la température. Un rez-de-chaussée un peu enterré est ce qui convient le mieux. On peut mettre une toile aux fenêtres pour intercepter la lumière, car les poules préfèrent toujours couver dans une demi-obscurité.

Les œufs que l'on choisit pour l'incubation ne doivent pas avoir plus de quinze à vingt jours ; il est bon de les conserver dans du son ou de la sciure de bois, afin d'empêcher le contact de l'air d'en altérer le germe ; ils doivent être de moyenne grosseur ; les très-gros et les très-petits sont presque toujours clairs. Les petits doivent éclore au bout de vingt-deux à vingt-trois jours quand les œufs sont frais ; dans le cas contraire, ils sont vingt-quatre ou vingt-cinq jours.

DE LA CONSTRUCTION DES NIDS, ET DES SOINS A DONNER AUX COUVEUSES POUR ÉVITER LA VERMINE

Les nids doivent être faits en paniers d'osier, ronds et assez grands pour qu'une poule y soit à l'aise. Ils doivent être munis d'un couvercle pour intercepter la lumière et empêcher la poule de les quitter. On les garnit de paille sèche et bien foulée, en ayant soin de rendre le milieu un peu plus profond que les côtés, afin que les œufs tendent toujours à se rapprocher et à rester sous la couveuse. Si la paille n'était pas bien foulée, la poule en remuant ses œufs pourrait les faire tomber dans de petits trous où, privés de chaleur, ils seraient perdus. On peut sans inconvénient placer ces paniers avec leur couveuse sur des planches superposées, ce qui économise beaucoup de place. On peut aussi, au lieu de paniers, prendre pour nids des boîtes de forme cubique de

35 à 40 centimètres ; mais elles ont le grand inconvénient d'avoir des rainures d'où l'on déloge difficilement la vermine, tandis qu'on peut laver facilement les paniers avec une brosse, soit à l'eau chaude, soit dans une eau courante.

Les poux sont les plus grands ennemis des poules couveuses et des jeunes faisandeaux, qu'ils poursuivent jusque dans les boîtes à élevage, et beaucoup d'amateurs leur doivent, sans s'en douter, leur peu de réussite. Je ne saurais donc trop m'appesantir sur la manière de s'en préserver et recommander la plus grande propreté.

Lorsqu'on achète une poule couveuse dans une ferme ou ailleurs, elle est presque toujours couverte de poux. On doit, dès son arrivée, la frotter par tout le corps avec de la pommade camphrée, puis la placer dans un mauvais nid et sur des œufs clairs pour s'assurer de son assiduité à couver. Le lendemain, si elle tient bien le nid, ce qui se reconnaît à son immobilité lorsqu'on lui passe la main sur le dos, on doit la retirer et la mettre dans un autre nid sur de bons œufs. Il faut avoir soin de jeter au loin la paille du mauvais nid, car tous les poux qui n'ont pas été atteints par la pommade s'y sont réfugiés. Malgré toutes ces précautions, la grande chaleur engendre tellement la vermine qu'on doit, dès qu'elle reparaît, frotter la poule de nouveau et la changer de panier ainsi que ses œufs.

DES BONNES POULES COUVEUSES ET DE LA MANIÈRE
DE LES ÉCONOMISER

Les poules les plus douces sont les meilleures ; elles doivent être de moyenne grosseur ; les jaunes ou de couleurs foncées couvent mieux que les mouchetées de blanc et les huppées ; ces dernières sont même toujours de mauvaises couveuses. Les brahma et les cochinchinoises ne valent absolument rien pour couver les œufs de faisans ; elles sont trop grosses et écrasent souvent leurs œufs ou leurs petits.

Les croisées négresses sont les meilleures couveuses que l'on puisse avoir pour l'élevage des faisans.

Il est aisé de reconnaître qu'une poule veut couver lorsqu'elle tient le nid, qu'elle glousse et que son ventre est rouge et dépourvu de plumes. Une poule ne peut guère couver plus de quinze à seize œufs de faisans ; elle en couvrirait peut-être un plus grand nombre, mais elle serait exposée à en casser. Les poules enfermées dans leur panier, comme je l'ai dit plus haut, ne peuvent pas quitter leur nid pour aller manger ; on doit donc avoir soin de les lever une fois tous les jours exactement à la même heure. La personne chargée de les nourrir doit être d'une grande exactitude, car les couveuses connaissent tellement l'heure à laquelle on a l'habitude de venir que, lorsqu'on est en retard, elles se tourmentent, piétinent sur leurs œufs et en cassent souvent un grand nombre en cherchant à quitter leurs nids. On doit, lorsqu'on lève une couveuse, la saisir doucement par les ailes ou par les pattes, la lever perpendiculairement au-dessus du nid, et s'assurer qu'elle n'a pas gardé d'œufs sous ses ailes ou sous ses cuisses. On met la poule sous une cage en osier, placée sur une épaisseur de 7 à 8 centimètres de sable fin et sec, afin qu'elle puisse s'époudriller en mangeant ; puis on lui donne de l'orge à discrétion, de l'eau bien claire et un peu d'herbe, qu'elle mange avec avidité pour se rafraîchir. On peut sans inconvénient faire manger deux ou trois couveuses à la fois sous la même cage ; elles se tourmentent moins et mangent mieux ; mais on doit avoir soin de mettre toujours les mêmes ensemble ; elles se battraient sans cette précaution et les plus fortes empêcheraient les autres de prendre leur nourriture. On visite les œufs pendant que la poule est levée ; on retire les cassés et on lave avec de l'eau tiède et un linge ceux qui ont été salis. Il ne faut jamais laisser une couveuse plus d'un quart d'heure hors de son nid ; si elle n'a pas mangé, elle se dépêchera davantage le lendemain. Certaines personnes ne déplacent pas leurs couveuses, mettant seulement à leur portée le grain et l'eau qui leur sont nécessaires. Ce moyen présente plusieurs inconvénients. Certaines poules, fatiguées de couver, quittent leurs œufs au bout de quelques jours, d'autres se laissent mourir plutôt que de se lever pour manger, ou elles salissent leurs œufs, ce qui donne au nid une fort mauvaise odeur. Je crois, de plus, qu'il est salutaire aux œufs d'avoir chaque jour de l'air pendant quelques instants.

Comme on n'a pas toujours autant de couveuses qu'on en désire, voici le moyen qu'on peut employer pour les économiser. Une poule peut facilement, sans se fatiguer, faire deux couvées de suite de faisans; il y en a même beaucoup qui couvent deux mois et plus sans que leur santé en soit altérée. Comme il y a toujours des œufs clairs, on doit avoir soin de mettre couver deux ou quatre poules à la fois. Dans le premier cas, on fait mener à une poule la couvée de deux ; dans le second cas, deux poules conduisent les couvées de quatre ; on peut alors remettre de nouveaux œufs sous les poules qui restent. Il est inutile de dire que l'on doit toujours choisir, pour me ner les faisandeaux, les couveuses les plus douces et les plus fatiguées par l'incubation. On reconnaît qu'une poule est fatiguée de couver lorsqu'elle est très-constipée et qu'elle a la crête blanche et terne. On doit observer les couveuses lorsqu'elles mangent : celles qui sont turbulentes, farouches et querelleuses devront être apaisées par une longue incubation ; malgré cela, si on a le choix, il sera plus prudent de ne pas leur confier de petits, qu'elles écraseraient dans leur agitation continuelle.

DE L'ÉCLOSION

Les petits commencent à éclore du vingt-trois au vingt-quatrième jour ; cette différence doit être attribuée à l'assiduité de la couveuse, ou plutôt suivant que les œufs sont plus ou moins frais ; car un œuf que l'on met couver le jour de sa ponte éclot souvent douze ou quinze heures avant les œufs vieux pondus, quoique ces derniers aient été mis sous la même poule et en même temps.

Il n'y a qu'une longue expérience qui puisse apprendre à l'éleveur à faciliter sans accident l'éclosion pénible chez le faisan. Il arrive souvent, en effet, que les jeunes faisans périssent dans la coquille faute de forces pour la casser complétement.

On doit noter le jour où l'on met couver des œufs afin de connaître l'époque de leur éclosion ; il faut les examiner alors avec soin pour voir ceux qui sont béchés ; huit ou dix heures après, on regarde de nouveau, et l'on retire les petits qui sont éclos pour les placer dans la boîte aux poussins, dont on trouvera la description plus loin.

Si, douze heures après, les autres œufs n'étaient pas éclos, il faudrait les faire éclore soi-même ; et voici comment on devra s'y prendre : Si l'œuf est déjà béché, on agrandit cette ouverture en remontant par le gros bout qui sert de chambre à air ; si l'œuf n'est pas béché, on le perce, toujours au gros bout, avec la pointe d'un couteau ; on regarde alors par

cette ouverture où se trouve le bec, que l'on aperçoit sans peine sur le côté; s'il n'a pas percé la petite
peau blanche qui entoure le faisandeau, on replace
l'œuf sous la poule, et on attend quelques heures,
quelquefois une journée entière qu'il l'ait percée.
Dès que le bec a percé la petite membrane, ce qui
est un signe certain qu'il est près d'éclore, on agrandit sans crainte l'ouverture de la coquille; arrivé à
la membrane, on la fend en la tirant délicatement
avec les ongles; si quelques gouttes de sang paraissent, on ne doit pas s'en inquiéter, mais seulement
s'arrêter un moment et replacer l'œuf sous la poule
pendant quelques heures pour sécher le jeune faisandeau; puis on recommence à le dégager; si le sang
ne paraît pas et que le petit semble au contraire bien
sec, on peut le faire sortir de suite de sa coquille,
puis le laisser deux ou trois heures se sécher sous sa
mère.

Je ne dissimulerai pas que si par ce moyen on
sauve quelques faisans, même des couvées entières
quand il fait un temps très-sec ou que la poule a mal
couvé, ce qui donne des petits sans force, on en perd
aussi quelquefois par ce procédé. C'est pour cette
raison que les éleveurs commençants feront bien de
s'exercer sur de jeunes poulets sans valeur ou, s'ils
n'en ont aucune habitude, de laisser agir la nature,
car ils pourraient quelquefois lui nuire beaucoup en
voulant l'aider.

On ne doit pas employer ce moyen pour les faisans
dorés et indiens, qui sortent toujours bien de leurs

coquilles; mais il n'en est pas de même des panachés et des blancs, qui en sortent très-difficilement.

BOITE A POUSSINS

On nomme communément boîte à poussins une petite boîte carrée, percée d'un trou et garnie de coton tout autour: c'est dans cette boîte, placée près du feu ou au soleil, que l'on met les faisandeaux dès leur naissance. Cette boîte a un grand inconvénient : c'est l'inégalité de sa température qui fait souvent perdre des forces aux petits au lieu de leur en donner. Il serait bien préférable de laisser ses petits sous la poule, surtout si elle était très-douce, elle en écrasera peut-être un ou deux, mais les autres seront du moins vifs et bien portants. On peut soi-même organiser une petite boîte à poussins fort commode et peu coûteuse à établir. On prend une de ces boîtes en plomb que l'on met dans les chancelières de voitures; à défaut de cette boîte, on en fait faire une en zinc par le ferblantier; on lui fait donner 30 centimètres carrés sur 6 d'épaisseur; on la remplit d'eau chaude par un petit tuyau placé perpendiculairement sur la boîte, long de 10 centimètres environ et gros comme un goulot de bouteille, puis on le ferme avec un bouchon lorsque l'eau est introduite, afin qu'elle s'évapore moins et conserve plus longtemps sa chaleur.

On place cette boîte de plomb ou de zinc ainsi pré

parée dans une autre boîte en bois de **40** centimètres carrés sur une hauteur de **25** centimètres. On bourre avec soin le fond et les côtés d'une bonne épaisseur de coton pour conserver à l'eau sa chaleur le plus longtemps possible ; on étend sur la boîte de zinc une ou deux couches de ouate, et c'est sur cette ouate qu'on place les petits nouvellement éclos. On peut leur donner quelques flocons de laine, sous lesquels ils aiment à se cacher. Le couvercle de la boîte en bois doit avoir deux trous de **2** centimètres de diamètre environ pour laisser pénétrer l'air. L'eau doit être changée toutes les huit ou dix heures selon la saison et la température, car elle conserve beaucoup plus longtemps sa chaleur en été.

SOINS A DONNER AUX FAISANDEAUX

Aussitôt que les jeunes faisans sont éclos et secs, il est bon de les placer dans la boîte aux poussins, où on les laisse sans nourriture pendant quinze ou vingt heures ; on doit en laisser deux ou trois sous la poule qui doit les mener ; sans cette précaution, elle pourrait les tuer au moment où on les lui redonnerait. Il faut avoir soin, surtout si elle est jeune, de lui montrer de temps en temps ses petits pendant qu'elle les couve encore, afin qu'elle s'habitue à les voir et qu'elle s'y attache.

Lorsque les petits sont restés assez longtemps dans la boîte à poussins et qu'on les voit bien vigoureux, on les transporte avec leur mère dans la boîte à élevage, dont nous parlerons à la suite de ce paragraphe. On les glisse tous sous elle, parce qu'ils savent mieux y rentrer lorsqu'ils en sont sortis d'eux-mêmes. On doit avoir soin, à mesure qu'on les lui donne, d'ôter avec l'ongle à chaque faisandeau le petit bouton blanc qu'il a au bout du bec et qui lui a servi à percer la coquille. Ce petit bouton tombe, il est vrai, de lui-même au bout de quelque temps, mais il est préférable de le lui retirer, parce qu'il le gêne pour manger.

Douze à quinze faisandeaux suffisent à une poule de moyenne grosseur; elle pourrait en couvrir un plus grand nombre lorsqu'ils sont jeunes, mais il y aurait aussi à craindre qu'elle n'en écrasât; de plus, les jeunes faisans sont très-frileux jusqu'à un mois et demi; ils se réfugient souvent sous leur mère pendant les temps froids et pluvieux, et elle ne pourrait les couvrir tous s'ils étaient trop nombreux.

On doit avoir bien soin de mettre dans la boîte à élevage, du côté de la poule, une épaisseur de 3 à 4 centimètres de sable bien fin et bien sec; ce sable a plusieurs grands avantages : il empêche les petits d'être écrasés aussi facilement lorsque la poule marche sur eux. Il sert encore à entourer les ordures de la poule, ce qui rend le nettoyage des boîtes beaucoup plus facile. On ne doit pas donner à boire aux faisandeaux pendant les huit ou dix jours qui suivent leur naissance, la liqueur blanche contenue dans les œufs de fourmis suffit pour les désaltérer pendant ce temps : cependant, comme la poule doit être nourrie d'orge, et qu'elle ne peut rester sans eau, on lui en présentera deux ou trois fois par jour dans un vase que l'on tient à la main, ou bien, si on le préfère, on peut attacher un canaris en verre rempli d'eau à un clou placé assez haut pour que la poule seule puisse y atteindre.

Si la poule était vive et disposée à gratter sans cesse, il serait préférable, au lieu de lui jeter son grain, de le lui placer dans une petite auge, deux fois par jour, jusqu'à ce que ses petits aient assez de force pour éviter ses mouvements brusques. On ne saurait prendre trop de précautions dans les commencements, car c'est dans la première quinzaine qui suit leur naissance que l'on perd le plus de faisandeaux, et cela presque toujours par accidents.

Il est bon, la première fois qu'on leur donne des œufs de fourmis, d'en jeter aussi quelques-uns à la poule, elle les engage à en manger ; du reste, ils s'y habituent très-vite.

DESCRIPTION DE LA BOITE A ÉLEVAGE

Nous donnons ci-contre, *fig.* 1, le modèle d'une nouvelle boîte à élevage qui est, sous tous les rapports, bien préférable à toutes celles que nous avons vues jusqu'ici.

Cette boîte, vue de face et sur un des côtés, a 1 mètre 50 centimètres de long de A à B, sur 40 cen-

timètres de large de A à C; sa plus grande hauteur,
du plancher A au faîtage F, est de 50 centimètres.

Les côtés de A à H n'ont que 40 centimètres de
hauteur. Sur le devant se trouve une petite trappe T,
de 20 centimètres de hauteur sur autant de largeur.

Fig. 1. — Boîte à élevage vue de face

On lève cette trappe lorsque les petits sont assez
forts pour sortir; elle est à coulisse, et se tient levée
au moyen d'une petite ficelle que l'on fixe au clou G;
un poignée en fer P se trouve à chaque extrémité et
sert à changer la boîte de place.

Un châssis, muni de trois carreaux, V, V, V, est
complétement fermé ainsi que la porte, I, dont nous
allons parler tout à l'heure.

La *fig*. 2 représente la même boîte vue par derrière et sur le côté; la petite porte qui sert à la poule
ainsi qu'un des châssis sont ouverts.

Le toit de cette boîte est à deux pentes; il est formé
de deux châssis d'égales dimensions, ayant chacun

trois carreaux, V, V, V ; il a 1 mètre de long, et est
de 3 à 4 centimètres plus large que la boîte, afin de
la garantir extérieurement de la pluie ; il est fixé au
faîtage par deux fortes charnières à trois vis, R, R.
Ce châssis doit être fait en chêne et être à la fois léger
et solide.

Fig. 2. — Boîte à élevage vue par derrière.

Les 50 centimètres de toit qui restent, et qui se
trouvent sur le côté destiné à la poule, doivent être
couverts en planches clouées à demeure ; mais on
pratique du côté droit, dans cette partie du toit, une
petite porte, I, de 15 à 20 centimètres de large ; c'est
par cette ouverture qu'on introduit la poule et qu'on
lui donne tous les soins qu'elle réclame. Cette boîte
à élevage se trouve, comme toutes les autres, divisée
en deux parties : le côté de la poule, qui a 40 centimètres en tous sens, se trouve séparé de celui des
petits par des barreaux de bois placés à 5 centimètres

3

de distance les uns des autres. La lettre S indique l'endroit où l'on doit placer cette séparation dans l'intérieur de la boîte.

Il faut avoir soin de fermer les châssis le soir avant que la fraîcheur n'arrive, afin qu'une douce chaleur se conserve toute la nuit dans la boîte; la poule elle-même en répand tellement que les petits auraient trop chaud si l'on ne pratiquait pas, derrière la boîte et un peu au-dessous de la poignée, une petite ouverture, O, grillagée et ayant 7 centimètres de côté environ.

Il faut lever les châssis pendant le jour, mais les petits s'échapperaient lorsqu'ils seraient âgés de dix à douze jours, si l'on n'avait soin de placer sur la boîte et sous les châssis un petit grillage ou un filet, L, à travers lequel on jette les œufs de fourmis. On donne les pâtées d'œufs durs dans une soucoupe que l'on introduit par la trappe, T, *fig.* 1, qui se trouve sur le devant. On ferme les châssis lorsqu'il fait froid; quand le temps est doux mais pluvieux, on les lève de 6 à 8 centimètres seulement, au moyen d'une cale en bois ou d'un petit tuileau que l'on place dessous: ils ont, par ce moyen, de l'air sans être mouillés.

Le côté de la poule se nettoie facilement, grâce au sable qu'on a dû y mettre; mais ce sable doit lui-même être renouvelé complétement de temps en temps, ce qui se fait facilement au moyen d'une ratisse démanchée, avec laquelle on peut aussi nettoyer et gratter le côté réservé aux petits.

La boîte doit être munie de pieds en chêne, de 4 à 5 centimètres environ de hauteur; ce qui empêche l'humidité de la terre de la pourrir. Le chêne, étant très-lourd, ne doit pas pour cette raison être employé à sa construction; des planches en bois blanc de 2 centimètres d'épaisseur sont bien préférables. Ces planches doivent être très-sèches, rabotées et rainées avec soin; on doit les peindre: elles durent très-longtemps lorsqu'on a soin de les rentrer l'hiver. Il faut leur donner une couche d'essence mélangée d'huile de lin, aussitôt qu'on s'aperçoit que ces boîtes sont envahies par la vermine; ce qui suffit pour la détruire immédiatement.

NOURRITURE DES FAISANDEAUX

Du premier au huitième jour qui suit leur naissance, on doit donner des œufs de fourmis à discrétion aux faisandeaux; du huitième au trentième jour, on distribuera les repas ainsi qu'il suit, par couvée de douze à quinze petits.

1er repas, à 5 h. 1/2 du matin. Une poignée environ d'œufs épurés de fourmis.

2e — à 8 h. Un ou deux œufs durs hachés avec du pain.

3e — à 11 h. Œufs de fourmis.

4e — à 2 h. Œufs de fourmis.

5e — à 5 h. Œufs durs hachés avec du pain.

6e — à 7 h. du soir. Dernier repas d'œufs de fourmis.

Le repas du matin et celui du soir doivent être les plus abondants. Voici un moyen que peuvent employer les personnes qui ne veulent pas se lever à 5 heures et demie du matin pour donner le premier repas.

Le soir, lorsque la nuit est venue et que les petits dorment sous leur mère, on répand sans bruit des œufs de fourmis dans la boîte à élevage ; de cette manière, ils trouvent leur nourriture toute prête en s'éveillant, et ils peuvent facilement attendre le second repas sans avoir l'estomac fatigué par un long jeûne.

Vers le vingtième jour, on place dans la boîte à élevage une petite auge remplie d'un mélange de chènevis, de millet et de sarrasin, pour tâcher d'habituer, le plus vite possible, les jeunes faisans au grain ; il est bon de jeter de temps en temps un peu de ce mélange à la poule pour qu'elle les excite à en manger, car les faisandeaux préfèrent l'espèce de grain dont on nourrit leur mère.

A un mois, leur queue a déjà 6 à 7 centimètres de longueur ; leurs ailes sont longues et bien emplumées ; la boîte à élevage devient trop petite. On doit alors les transporter par couvée dans des parquets de 2 à 3 mètres carrés, en ayant soin d'y placer la poule sous une petite boîte de forme cubique ayant 50 centimètres dans ses trois dimensions ; cette boîte n'aura pas de fond et sera posée sur le sable ; le devant sera garni de barreaux placés à 6 centimètres de distance les uns des autres pour que les petits

puissent passer facilement. On jette tous les jours
une poignée d'orge ou de sarrasin à la poule et on
lui donne à boire dans un vase placé en dehors près
des barreaux. On peut aussi lui donner, ainsi qu'à
ses petits, un peu d'herbe de pré hachée.

D'un à deux mois on distribue les repas ainsi qu'il
suit :

1er repas, à 5 h. 1/2 du matin. Une bonne poignée d'œufs de fourmis.

2e   —   à 8 h. Œufs durs hachés avec du pain.

3e   —   à 12 h. Œufs de fourmis.

4e   —   à 3 h. Œufs durs et pain.

5e   —   à 7 h. du soir. Œufs de fourmis.

Il faut, en outre, leur donner de l'orge, du sarrasin, du blé et du millet à discrétion ; ce sont ces
trois dernières espèces de grains qu'ils préfèrent
lorsqu'ils sont jeunes.

C'est vers l'âge de deux mois que les faisandeaux
commencent à se piquer ; ce funeste penchant leur
vient de ce qu'ils sont resserrés dans un trop petit
espace. Ils s'arrachent d'abord les plumes du dos ; le
sang paraît et redouble leur fureur ; ils attaquent
alors la peau et s'enlèvent même des morceaux de
chair. Les plus forts tourmentent sans relâche les
plus faibles, finissent par les faire mourir et les
mangent presque entièrement. Les parquets de 2 à
3 mètres carrés deviennent trop petits à cette époque
pour contenir douze à quinze faisans ; il faut leur
donner plus d'espace, mais, si on ne le pouvait, voici
plusieurs moyens pour y remédier. On peut étendre

sur les parties malades du goudron ou de la moutarde ; cela les empêche momentanément de se piquer, mais quand les plumes recommencent à paraître, ils les arrachent et saignent de nouveau. Les
meilleurs moyens, à notre avis, sont : 1° de leur
mettre un petit linge sur le dos, on l'attache sous les
ailes et on le fait descendre jusque sur la queue ;
2° d'enfoncer dans le sable des branches avec leurs
feuilles, ce qui forme de petits fourrés où ils peuvent
fuir et se cacher : le lierre est préférable parce qu'il
conserve longtemps ses feuilles ; 3° de répandre sur
le sol des plumes qu'ils mangent avec avidité : ils
cherchent beaucoup moins à se les arracher sur eux
lorsqu'ils en ont à discrétion.

Pendant la première quinzaine du troisième mois,
on peut encore, si le temps est mauvais, leur donner
un ou deux bons repas d'œufs de fourmis ou d'œufs
durs mélangés avec une plus grande quantité de
pain ; dans tous les cas, on ne doit pas interrompre
cette nourriture brusquement, mais les habituer au
grain peu à peu. Ils ne courent plus aucun danger
lorsque leur seconde queue est poussée et a atteint
4 ou 5 centimètres de longueur.

Lorsqu'on a difficilement des œufs de fourmis, on
peut les économiser en donnant tous les jours un
repas d'asticots vivants, qu'on met dégorger d'avance dans du son pendant quelques heures. Les
faisandeaux aiment aussi beaucoup les vers de terre ;
on peut leur en donner à discrétion : ceux des couches ou de fumier sont les meilleurs. Lorsqu'on n'en

a que de gros, on doit avoir soin de les couper par petits morceaux.

Plusieurs personnes disent que le riz et le lait sont très-bons pour les jeunes faisans. Pour nous, nous n'en avons jamais été satisfait; un grand nombre des oiseaux soumis à ce régime sont tombés malades; même quelques-uns en sont morts. Le lait, dont ils sont très-friands, les relâche beaucoup, ce qui est peut-être occasionné par l'avidité avec laquelle ils le boivent.

Cette manière d'élevage est certainement la plus économique, lorsqu'on peut avoir facilement des œufs de fourmis. Mais, comme tous les éleveurs ne sont pas à même de s'en procurer, nous allons indiquer d'autres moyens presque aussi bons pour élever les faisandeaux sans leur secours.

Première manière d'élever les faisandeaux sans œufs de fourmis. — Un de nos amis élève des faisans de toutes espèces, des colins, des cailles, des perdrix, etc., etc., en ne leur donnant qu'une sorte de pâtée composée de bœuf cuit dans l'eau, d'œufs durs, de pain et de chicorée sauvage. Il serait préférable, au lieu de hacher le bœuf, de le couper à contre-fil, lorsqu'il est froid, par petites tranches d'un millimètre d'épaisseur: il se divise alors facilement par petits morceaux à peu près de la grosseur d'un œuf de fourmi. Cette pâte doit être hachée très-fin dans les commencements, et de moins en moins à mesure que les faisandeaux grandissent. On donne aussi, une ou deux fois par jour, mais en petite quantité, et seulement pour exciter leur appétit, des asticots vivants que l'on met dégorger dans du son quelques heures à l'avance. Il ne faut donner à boire aux faisandeaux que lorsqu'ils ont une huitaine de jours.

Notre ami réussit si bien ses élèves de cette manière, qu'il n'a jamais voulu laisser entrer un œuf de fourmi chez lui, quoiqu'il soit à même d'en avoir facilement.

Seconde manière. — On peut composer une autre pâte moins coûteuse que la précédente ; elle est peut-être un peu moins sûre, en ce que les faisandeaux la mangent d'abord moins facilement. Néanmoins, plusieurs personnes l'emploient avec succès.

Au lieu de bœuf, on prend du cœur de bœuf cru dont on fait une pâtée un peu molle, en le hachant avec des œufs durs, du pain, de la salade et du persil. Lorsque les faisandeaux sont un peu gros, on peut, en la roulant dans ses doigts, en former de petites boulettes allongées qu'ils mangent avec avidité.

On peut donner à boire aux jeunes faisans lorsqu'ils sont âgés de huit jours ; cependant, un éleveur qui suit cette méthode m'a dit qu'ils se portent beaucoup mieux quand on ne leur en donne qu'à un mois, et seulement lorsqu'ils commencent à manger du grain. La verdure jusqu'à cet âge suffit pour les désaltérer.

Troisième manière. — Enfin, depuis un an ou deux,

on parle beaucoup d'une nouvelle pâtée, dont nous
avouons n'avoir pas fait l'expérience, mais qui fait,
dit-on, merveille. Nous allons en donner la recette
en nous abstenant de tout commentaire sur son effi-
cacité. Les proportions suivantes sont pour un demi-
kilo de pâte, mais il n'est pas essentiel de les main-
tenir exactement, et l'aliment que le faisandeau préfère peut être ajouté en plus grande quantité :

250 grammes de riz, que l'on met seulement crever
    cinq minutes dans l'eau bouillante, afin que les
    grains restent en entier et ne forment pas une
    bouillie ;

25 grammes de cerfeuil ou de chicorée sauvage
    hachés bien fin ;

50 grammes de millet blanc ;

75 grammes de cœur de bœuf cuit, haché bien fin ;

50 grammes d'œufs durs hachés avec la coquille ;

25 grammes de mie de pain hachée bien fin ;

25 grammes de chènevis broyé.

Quand le riz est légèrement égoutté, on mélange
le tout avec de la farine de maïs jusqu'à ce que cette
pâte soit presque sèche et ne colle plus aux doigts,
pour éviter d'empâter les pattes et le bec des oiseaux.

Cette pâtée peut se conserver pendant huit jours,
si on a soin de la mettre dans un endroit un peu frais.
Elle doit être hachée moins fin à mesure que l'oiseau
grandit. On peut lui donner dès le commencement
une tête entière de salade ; il s'amuse à la becqueter,
ce qui le rafraîchit ; le cresson, à défaut de salade,
lui est aussi très-salutaire.

Quand on peut se procurer du fromage blanc, on fait bien d'en mélanger un peu avec la pâtée.

Il est bon, mais non indispensable, de donner tous les jours aux faisandeaux quelques asticots dégorgés dans du son; mais on ne doit en user qu'avec une grande modération. Cette pâtée est excellente, *dit-on*, pour toutes les espèces d'oiseaux qui ont besoin d'œufs de fourmis.

SUR L'ÉLEVAGE PAR LES ASTICOTS

Il y a des personnes qui se figurent pouvoir élever des faisans en ne leur donnant que des asticots; ils viennent bien, il est vrai, pendant les premières semaines, mais on les voit bientôt devenir étiques et mourir vers l'âge de deux mois, sans qu'il soit possible de les sauver. L'asticot ne doit être donné qu'avec modération, une fois par jour; il excite l'appétit, mais, lorsqu'on en abuse, il engendre souvent les maladies d'yeux et de larynx.

DES FAISANS QU'ON ÉLÈVE POUR LACHER

Lorsqu'on élève des faisans pour la chasse, on doit, dès qu'ils ont huit jours, lever la trappe qui se trouve au bout de la boîte à élevage, pour qu'ils puissent sortir et s'habituer de bonne heure à revenir sous leur mère. On en perdrait beaucoup si on les laissait sortir plus tard, à un mois par exemple,

parce que, étonnés de leur liberté, ils s'envoleraient
d'abord au loin, en cherchant à s'éloigner le plus
possible des habitations; le soir venu, ils ne revien-
draient pas, soit par crainte, soit faute de savoir
retrouver leur chemin.

Vers un mois ou six semaines, on doit lâcher la
poule avec les petits; elle les conduit dans les bois
et les habitue à revenir se coucher auprès d'elle sur
les arbres des environs. Des faisans lâchés coûtent
beaucoup moins à nourrir, parce qu'ils trouvent dans
les bois une grande quantité de petits insectes qui
remplacent pour eux les œufs de fourmis. On doit,
lorsqu'ils sont gros, leur donner à manger une fois
par jour pour les empêcher de s'éloigner, ce qu'ils
ne manqueraient pas de faire s'ils étaient complète-
ment livrés à eux-mêmes.

DES MALADIES DES FAISANS

Les faisandeaux sont sujets à plusieurs maladies
auxquelles on peut remédier facilement pour la plu-
part, surtout si on les combat dès que les premiers
symptômes se manifestent. Nous allons les indiquer
suivant l'âge auquel ils en sont atteints.

Humeur aux yeux. — L'humeur se porte quelquefois aux yeux des jeunes faisans et finit par les rendre aveugles. Cette maladie leur vient de ce qu'il y
en a un trop grand nombre réunis dans un petit
espace; dans ce cas, il faut leur donner de suite plus

de place, et séparer immédiatement ceux qui en sont atteints; car cette maladie se gagne rapidement et est presque toujours mortelle. On peut traiter les malades avec la pommade que vend le concierge de l'hôtel des Postes, à Paris; on donne avec le petit pot la manière de s'en servir.

Langueur. — On voit quelquefois les faisandeaux devenir étiques, perdre l'appétit, et leurs plumes se hérisser. Cette maladie leur vient pendant les temps pluvieux et humides; il faut alors avoir soin de les transporter dans un lieu sec et chaud. Du reste, cette maladie n'arrive pas quand on a des boîtes à élevage comme celles dont nous avons donné la description p. 35.

Seconde queue. — Au moment où les faisandeaux prennent leurs secondes queues, c'est-à-dire vers l'âge de deux mois et demi, on les voit perdre l'appétit; leurs plumes se hérissent : ce qui est un signe certain de souffrance. La première queue tombe pour fair eplace à une seconde; en un mot, ils se maillent, et les mâles revêtent leur beau plumage. Il n'y a que les bons soins et une nourriture abondante qui puissent atténuer l'effet de cette terrible crise; c'est pour l'adoucir, autant que possible, que nous conseillons de continuer les œufs durs ou les œufs de fourmis, jusqu'à ce que cette nouvelle queue ait atteint 5 ou 6 centimètres de longueur.

La *constipation* arrive le plus souvent aux jeunes

faisans dans les huit ou dix premiers jours qui suivent
leur naissance; ils ont le fondement bouché et périraient si l'on ne venait à temps à leur secours. On
doit, aussitôt qu'on s'aperçoit qu'un faisandeau en
est attaqué, le débarrasser et lui introduire dans le
rectum, à plusieurs reprises, la tête d'une épingle
enduite d'huile.

La *diarrhée* est occasionnée par les temps humides
et froids, par la rosée, ou bien encore par une nourriture trop rafraîchissante.

Il faut mettre les malades dans un lieu sec et
chaud, et leur donner des aliments échauffants, tels
que des œufs durs et du chènevis.

La *goutte* atteint les faisans à tout âge; elle leur
vient, soit parce qu'ils se trouvent dans des parquets
trop humides, soit parce qu'ils marchent souvent
dans la boue et dans l'eau, ou bien encore lorsqu'ils
sont jeunes, parce qu'ils courent dans la grande
rosée. L'oiseau boite et n'ose pas se poser sur la patte
malade. On peut facilement y apporter remède en
enfermant le malade pendant quelque temps dans
une pièce chaude, où l'on a répandu du sable très-
sec, de la paille ou mieux encore du fumier chaud.

La *pépie* provient ordinairement de ce que les
faisans manquent d'eau, ou qu'elle est souvent
chaude et sale. Cependant, on voit quelquefois des
oiseaux en être attaqués, quoique se trouvant dans —

les meilleures conditions. Le faisan atteint de ce mal
ne mange plus ; il reste stationnaire dans un coin du
parquet et ouvre le bec de temps en temps, comme
pour bâiller. C'est la naissance d'une pellicule blanche
sous le bout de la langue qui occasionne cette maladie ; on doit l'enlever le plus doucement possible
avec la pointe d'un canif ou d'une épingle, en ayant
soin de ne pas endommager la langue ; l'opération
faite, on lave la plaie avec du beurre frais ou de l'eau
salée, puis on lâche l'oiseau avec les autres ou on le
garde à part pendant quelques jours, en lui donnant
une nourriture plus choisie, comme des œufs durs
et du pain hachés.

Les *poux*. — Nous avons déjà assez parlé, à l'article
des poules couveuses, des soins que l'on doit prendre
pour éviter les poux, pour montrer combien il est
nécessaire de leur faire une guerre acharnée. En effet,
la poule en a quelquefois une si grande quantité, que
les petits en sont bientôt couverts et périssent sans
que l'on sache à quoi attribuer leur mort. Les faisandeaux attaqués ont les plumes hérissées, et cherchent sans cesse à s'époudriller dans le sable. Il faut
leur frotter la tête et le dessous des ailes avec un
peu de pommade camphrée. Il va sans dire que la
mère réclame aussi les mêmes soins. Il faut les changer de boîte à élevage et peindre cette dernière avec
un peu d'huile de lin mélangée de beaucoup d'essence, en ayant soin d'en faire pénétrer dans tous les
joints.

DES FOURMIS ET DE LEURS ŒUFS

Les fourmis, quoi qu'en disent certains auteurs, ne font aucun mal aux faisandeaux ; on doit seulement éviter de leur en donner pendant la première huitaine qui suit leur naissance, parce qu'ils sont trop petits pour s'en défendre et les tuer ; mais, passé cette époque, on peut leur en donner sans crainte. J'ai même vu, une année où les œufs de fourmis manquaient, en donner presque exclusivement à des faisans âgés de trente jours, qui les ont toujours mangées avec avidité et sans en ressentir aucun mal.

On doit, autant que possible, choisir les plus petits œufs de fourmis pour les faisandeaux qui ont moins de huit jours. Les œufs des fourmis rouges sont pour eux un poison mortel et violent.

DES FOURMILIÈRES

Les fourmilières se trouvent généralement dans les bois, dans les terrains secs, sur les versants des collines, au milieu des bruyères, à l'exposition du levant ou du midi, et souvent au pied des chênes, dont les fourmis aiment beaucoup les feuilles. On les trouve rarement dans les bois très-fourrés, et jamais dans ceux qui sont humides, marécageux ou à l'exposition du nord. Le matin est l'instant le plus favorable pour aller prendre les œufs dans les grandes chaleurs, et vers midi dans les journées un peu froides.

Dans les grandes chaleurs, les fourmis descendent leurs œufs au fond de la fourmilière pour empêcher qu'ils ne sèchent, et, lorsqu'il fait froid, elles les remontent pour les faire jouir des quelques rayons de soleil de l'après-midi; elles ne craignent nullement la pluie, qui ne traverse pas leur habitation disposée en toit; mais elles les redescendent toutes les nuits pour en éviter les fraîcheurs.

La personne qui va aux œufs de fourmis doit être munie : 1° de forts gants de peau; 2° d'une grande cuiller à pot en fer; 3° d'un crible en peau; 4° d'un autre crible en toile métallique; 5° d'une toile carrée de 1 mètre 1/2 environ; 6° et d'un sac de toile. Voici à quoi servent tous ces objets : les gants garantissent les mains de l'acide formique que lancent les fourmis lorsqu'on prend leurs œufs. Cet acide est si puissant qu'il fait peler la peau des mains au bout de deux ou trois heures. La cuiller à pot sert à découvrir les fourmilières et à puiser les œufs, qui sont quelquefois à une grande profondeur; on les jette immédiatement dans le crible en peau, et on les passe sur la toile, qui doit être étendue d'avance à peu de distance. Les œufs de fourmis, les fourmis elles-mêmes et la poussière passent à travers ce crible; ce qui y reste doit être rejeté sur la fourmilière pour ne pas l'amoindrir. On repasse alors pour la seconde fois les œufs dans le crible de fer; la poussière et la terre passent à travers, les œufs restent seuls épurés comme du riz ; on les met dans le sac et l'on repart à la recherche d'une nouvelle fourmilière. Une personne qui en a un peu l'habitude peut aller visiter ses fourmilières tous les dix ou quinze jours, avec certitude de faire une récolte abondante. Elle doit avoir soin, après avoir pris les œufs, de mettre à leur place une poignée de petites branches de chêne dont les feuilles ont la propriété d'échauffer les fourmis ; ces dernières ont soin d'apporter tous leurs œufs dans ces feuillages, et lorsqu'on revient on n'a plus qu'à les secouer dans son sac pour avoir tous les œufs bien épurés.

Il faut recouvrir la fourmilière avec soin en la remettant autant que possible dans l'état où on l'a trouvée en arrivant ; sans cette précaution, on verra bientôt les fourmis rebutées abandonner leur demeure pour aller se loger plus loin, quelquefois à plus de deux cents mètres de distance.

Nous ne parlons pas des fourmilières des prairies artificielles, parce qu'elles sont si petites qu'il faudrait perdre beaucoup de temps pour faire une récolte passable ; les œufs en sont très-bons, et on les recherche surtout pour les jeunes colins, à cause de leur petitesse.

DES ASTICOTS OU VERS BLANCS

Donnés modérément, les vers sont salutaires aux jeunes faisans ; ils aiguisent leur appétit et économisent les œufs de fourmis. Voici, dit Olivier de

Serres, comment on doit s'y prendre lorsqu'on veut s'en procurer une grande quantité : « On creuse un trou plus ou moins grand suivant la quantité de matière que l'on veut y déposer; les quatre côtés doivent être égaux; le terrain doit être un peu incliné pour que les eaux qui peuvent être au-dessus s'épanchent et n'y croupissent pas; si le terrain est de niveau, on l'élève avec de la terre, on le ferme tout autour d'une bonne muraille de 1 mètre de hauteur, on met au fond de ce trou creusé ou de cette élévation une couche de paille de seigle hachée bien menue de l'épaisseur de 12 à 15 millimètres; sur cette couche on fait un lit de fumier de cheval tout récent que l'on couvre de terre légère bien divisée et ameublie, sur laquelle on répand du sang de bœuf, du marc de raisin, de l'avoine et du son de froment; le tout bien mêlé ensemble. Ces premières couches faites, on les répète successivement dans le même ordre; on ajoute seulement, quand on est parvenu à la moitié de la fosse, des tripailles, des charognes, etc., etc. Enfin, on recouvre toutes ces matières, quand la fosse est plus aux trois quarts remplie, avec de fortes broussailles qu'on charge de grosses pierres pour que le vent ne puisse pas les déranger et que la volaille ne puisse y aller gratter. La première pluie qui survient fait pourrir cette composition et, par ce mélange, on obtient une quantité prodigieuse de vers et d'insectes. En bâtissant la verminière, on laisse une porte que l'on ferme avec des pierres sèches jusqu'en haut, c'est par cette ouverture qu'on entame la verminière en ôtant ces pierres qui sont sur le haut; trois ou quatre coups de bêche suffisent pour en tirer la nourriture de toute la journée, et on la répand dans l'endroit où l'on veut faire manger les faisans.

Cette verminière est très-bonne pour les grands éleveurs, mais tous les amateurs n'ont pas l'emplacement nécessaire pour l'établir assez loin et n'en pas sentir la mauvaise odeur, aussi a-t-on d'autres moyens pour s'en procurer.

Le son foulé et légèrement mouillé s'échauffe promptement en été, surtout lorsqu'on l'expose aux rayons du soleil; les mouches viennent bientôt y déposer leurs œufs, et l'on peut facilement de cette manière avoir une grande quantité d'asticots. On peut encore s'en procurer avec des têtes de moutons; mais le son est beaucoup plus agréable à employer. Il est bien préférable, à notre avis, lorsqu'on le peut, d'acheter simplement les asticots dont on a besoin chez les bouchers ou aux abattoirs. On les envoie chercher dans une boîte de fer-blanc munie d'un bon couvercle, et on peut les y conserver vivants plusieurs jours, en ayant soin de leur donner du son à manger.

Du Houppifère

Ce nom générique comprend trois variétés : le houppifère de Cuvier, le houppifère *melanotus* et le houppifère *albocristatus*.

Ces oiseaux sont originaires de l'Asie centrale, principalement de l'Himalaya et du Népaul. Introduits en Angleterre depuis longtemps déjà, ils ne sont en France que depuis quelques années; tout fait présumer qu'ils seront dans peu de temps aussi communs que les faisans, dont ils sont une des nombreuses espèces.

Le houppifère de Cuvier, ou *euplocomus Cuvier*, diffère du *melanotus* par le dessous du ventre et la poitrine qui sont noirs au lieu d'être blancs, comme chez ce dernier; l'*albocristatus* ressemble beaucoup au *melanotus*, et n'en diffère que par le bas du dos qu'il a blanc, ainsi que sa huppe et la racine de la queue. L'*euplocomus albocristatus* est le plus beau des trois espèces de houppifères, et le *Cuvier* ne doit son prix plus élevé que parce qu'il est plus rare en ce moment.

Les houppifères ont exactement les mêmes mœurs que les faisans. Quoique prenant tout l'éclat de leur plumage dès la première année, ils ne sont cependant complétement adultes qu'à deux ans; aussi est-il rare de voir pondre une femelle la première année; à la seconde, elle donne de vingt à vingt-cinq œufs. Sa ponte commence vers la fin de mars. L'incubation dure de vingt-quatre à vingt-cinq jours, et les jeunes, que l'on élève comme les faisandeaux, doivent être nourris d'œufs de fourmis et d'œufs durs pendant deux mois environ.

Les petits sont robustes et se piquent comme les faisandeaux argentés, avec lesquels ils ont une grande ressemblance de forme, de caractère et de chant. Les œufs sont de la même couleur, mais un peu plus petits et plus ronds ; ils sont aussi dépourvus des taches blanches que l'on remarque sur les œufs de ces derniers.

DU COLIN

Colin ou Perdrix de la Californie

Ce bel oiseau, originaire de la Californie, a été importé pour la première fois en France vers 1853. Tout le monde connaît son joli plumage, sa huppe exceptionnelle par sa forme, ses mouvements rapides et gracieux; aussi allons-nous parler de suite de son éducation, sans nous appesantir sur la beauté de son plumage. Son extrême fécondité l'a bientôt fait rechercher de tous les amateurs; son élevage, quoique facile, exige cependant quelques précautions, surtout au moment de l'incubation et pendant les quatre ou cinq jours qui suivent sa naissance.

DES PARQUETS

Un très-petit espace suffit aux colins; aussi voit-on souvent des amateurs se livrer, à Paris et dans leurs appartements, au plaisir de leur éducation. Une caisse en bois de 1 mètre de longueur sur 40 à 50 centimètres de hauteur et de largeur suffit à un couple de colins. Cette boîte doit être munie d'un grillage sur le devant, et d'un ou deux perchoirs de 2 centimètres de diamètre, car ces oiseaux aiment beaucoup à se percher, surtout pendant la nuit.

Dans un des coins du fond de la boîte, on couche une petite planche, large de 15 centimètres, et haute de 25 environ ; c'est sous cette planche que la femelle va pondre, dans un nid qu'elle a un peu creusé dans le sable.

L'aire des parquets doit être pourvue de sable très-fin, de 4 à 5 centimètres d'épaisseur ; cette précaution a plusieurs grands avantages : elle empêche les œufs d'être cassés, permet aux oiseaux de s'époudriller, et conserve leur petit parquet toujours propre ; car il suffit de le renouveler complétement une fois par an.

DE LA NOURRITURE DES COUPLES REPRODUCTEURS

Le colin n'est pas polygame à l'état sauvage, et on ne lui donne ordinairement qu'une femelle[1]. On le nourrit toute l'année avec du petit blé de mars, du millet et de la verdure ; il mange encore assez bien le sarrasin et la graine d'alpiste. Dans les grands froids de l'hiver, on peut lui donner un peu de chènevis pour l'échauffer.

Vers le 1er avril, c'est-à-dire quinze jours avant le commencement de la ponte et tout le temps

[1] Nous avons cependant vu une personne qui nous a assuré avoir mis deux femelles à un mâle et avoir obtenu quatre-vingts œufs presque tous fécondés.

qu'elle dure, on donne tous les jours à chaque couple
une cuillerée à bouche de mie de pain et d'œufs durs
hachés.

DE LA PONTE

La ponte commence du 10 au 20 avril, et finit
vers le 15 juillet ; les vieilles femelles pondent ordinairement plus tôt que les jeunes. Les unes pondent
deux ou trois œufs de suite, puis se reposent un
jour ; d'autres, tous les deux jours ; d'autres, enfin,
pondent tous les jours. La ponte est de vingt à
soixante œufs ; mais on doit être satisfait lorsqu'on
obtient quarante œufs en moyenne de chaque femelle.

Il faut toujours laisser sous la petite planche le
dernier œuf pondu ; on les engage ainsi à les déposer
toujours à la même place.

Ces œufs ressemblent, par leur forme et leur
grosseur, aux œufs de nos cailles ; ils sont tantôt
blancs mouchetés de larges taches roussâtres ou
noires, tantôt d'un blanc rosé tiqueté de petits points
noirs.

La femelle colin pond aussi abondamment dans
un grand parquet que dans un petit ; et, de plus,
elle y demande plus souvent à couver ses œufs ;
quand on veut lui laisser élever ses petits, on lui
enlève d'abord ses quinze premiers œufs que l'on
place sous une poule ; elle en pond encore douze ou
quinze qu'on lui laisse, et qu'elle se met bientôt à
couver.

DE LA COUVERIE ET DU CHOIX DES ŒUFS

Comme pour les faisans, les œufs trop gros ou trop petits sont généralement clairs; ils doivent être à peu près tous d'une grosseur moyenne et uniforme.

La couverie doit aussi remplir les mêmes conditions que celles décrites p. 24.

DE L'INCUBATION ET DES POULES COUVEUSES

L'incubation est, comme nous l'avons dit p. 27, un des points les plus difficiles de l'éducation de cet oiseau. L'éleveur doit, s'il veut réussir, avoir une grande quantité de petites poules négresses ou indiennes; les bentam, java, etc., sont trop turbulentes et ne valent absolument rien. Il ne faut pas mettre plus de seize à vingt œufs à une couveuse, parce qu'elle en casse beaucoup lorsqu'elle en a un trop grand nombre. On doit prendre pour la construction des nids et les soins à donner aux couveuses toutes les précautions indiquées p. 25. Les petits naissent du vingt-deuxième au vingt-troisième jour; ils sortent tous en fort peu de temps de leur coquille et courent aussitôt qu'ils sont secs. Ils sont si vifs qu'il faut avoir soin de mettre la poule dans un panier couvert et sur un nid bien tassé; sans cette précaution ils s'échapperaient du nid, se cacheraient dans le foin et y périraient de froid. Lorsque cet accident arrive et qu'on trouve des petits glacés par le froid et inanimés, il ne faut pas en conclure de suite qu'ils sont morts; souvent ils ne sont qu'engourdis. Il faut donc essayer de les ramener à la vie en les plaçant immédiatement sous la poule couveuse, qui les ranime par sa chaleur, et souvent on est fort étonné de les retrouver vifs et bien portants quelques heures après. On fera donc bien, pour éviter cet accident, de les mettre aussitôt qu'ils sont secs dans la boîte à poussins décrite p. 32.

Quand l'éclosion est terminée, et elle se fait promptement, on prend les colins les plus vifs et on les place dans la boîte à élevage sous leur mère, afin d'habituer celle-ci à les sentir et à les voir; on lui donne le reste de la couvée quelques heures après, lorsque les petits se sont un peu fortifiés.

Il y a certaines poules couveuses qui ne veulent pas adopter les jeunes colins; elles les tuent aussitôt leur naissance ou dès qu'elles les voient courir dans la boîte à élevage; il y en a même qui les mangent. M. Gérard a trouvé un moyen fort ingénieux pour les en empêcher. Il encapuchonne la tête de cette mauvaise mère dans un petit sac, au fond duquel il pratique un trou pour laisser passer le bec; ce sac est fermé par un cordon à coulisse qu'il attache autour du cou; de cette manière, la poule, plongée dans l'obscurité, devient douce et tranquille, s'habitue au cri de ses petits et finit par les adopter. On peut ordinairement lui ôter ce capuchon au bout de huit à dix jours.

NOURRITURE DES JEUNES COLINS

Le colin mange si peu qu'on lui donne ordinairement des œufs de fourmis à discrétion pendant le premier mois qui suit sa naissance ; cependant, on pourrait les économiser, si on n'en avait que très-difficilement, en lui donnant, à partir de huit ou dix jours, un ou deux repas d'œufs durs et de pain en suivant la distribution des repas telle que nous l'avons indiquée à l'article du faisan ordinaire du huitième au trentième jour, p. 39 ; passé cette époque, les jeunes colins peuvent fort bien se passer d'œufs de fourmis ; néanmoins, jusqu'à l'âge de deux mois on donnera une ou deux fois par jour, par couvée de douze à quinze colins, un œuf dur haché avec du pain. Cette précaution leur fait passer sans accident le moment critique de la seconde mue qui arrive lorsqu'ils se maillent.

Il ne faut donner à boire aux jeunes colins que lorsqu'ils ont huit ou dix jours, et encore doit-on à cette époque ne leur en donner que dans un petit canaris en verre, pour qu'ils ne puissent ni se mouiller ni salir leur eau.

On peut aussi très-bien élever des colins sans œufs de fourmis en suivant la première manière indiquée à l'article du faisan ordinaire, p. 43 ; elle leur réussit même encore mieux qu'à ce dernier.

Il est essentiel d'habituer de bonne heure les jeunes colins et les faisandeaux à se nourrir de grain ;

on peut les regarder comme sauvés lorsqu'ils mangent le millet et le chènevis; c'est à cela que l'on doit attribuer la grande réussite de certains éleveurs.

OBSERVATIONS SUR LES COLINS

Les colins ne sont pas sujets aux maladies; ils ont beaucoup moins que les faisans la funeste habitude de se piquer; mais ils ont comme eux deux crises périodiques : la première arrive à douze jours; les ailes sont poussées à cet âge, mais la queue ne fait encore que paraître. Ils font le gros dos, leurs plumes se hérissent, on voit qu'ils souffrent. Il faut alors redoubler de soins; mais, quoique l'appétit ne les abandonne pas, on en perd parfois quelques-uns.

La seconde vient à la mue qui se fait à deux mois, les mâles et les femelles se maillent, et les premiers prennent en plus leur beau collier blanc. C'est pour atténuer les effets de cette crise, souvent funeste, que nous recommandons les œufs durs; mais cette alimentation n'empêche pas toujours les plus délicats de périr.

Les jeunes colins sont très-sujets, à l'âge de deux ou trois mois, à tomber dans un état de langueur qui les fait promptement mourir. Voici à quoi nous attribuons cette espèce de maladie qu'on peut, du reste, éviter facilement. Une grande affection les unit à la poule qui les a élevés, et ils l'oublient beaucoup moins vite que les faisandeaux; c'est pour cette raison qu'on doit la leur laisser jusqu'à deux mois et demi, lorsqu'ils sont entièrement maillés. Il est vrai qu'il y a longtemps qu'ils ne s'en servent plus, mais elle leur tient compagnie et cela leur suffit ; nous avons fait plusieurs fois l'expérience sur des couvées entières ; celles auxquelles on retirait la poule de bonne heure perdaient toujours quelques-uns des leurs, dans les trois ou quatre jours qui suivaient son absence ; celles, au contraire, auxquelles on la laissait se portaient toujours bien, et faisaient leur mue sans que nous eussions aucune mort à constater ; on ne peut donc attribuer cela qu'à l'ennui qui s'empare d'eux.

Le colin s'attache aussi au lieu qui l'a vu naître, et les changements le font souvent périr ; on doit donc les éviter le plus possible. Cependant, comme il faut absolument les retirer de la boîte à élevage vers l'âge de deux ou trois mois, voici comment on peut s'y prendre pour n'en pas perdre. En les retirant, on les place de suite dans le parquet qu'ils doivent occuper jusqu'au printemps suivant ; on met leur mère avec eux, et, quatre ou cinq jours après, lorsqu'ils sont bien habitués à leur nouvelle demeure, on la retire le soir à l'obscurité.

Un petit parquet pour les colins est bien préférable à un grand, à moins qu'ils n'y aient été élevés ; mais si on les y lâche en les retirant de la boîte à élevage, ils se trouvent tout étonnés d'avoir tant d'espace, la moindre chose les effraie, et ils peuvent, en voltigeant, se blesser et même se donner la mort ; ces frayeurs les prennent souvent la nuit. Un parquet de 2 mètres carrés sur 50 centimètres de hauteur suffit grandement à une couvée de quinze colins.

L'élevage du colin, lorsqu'on est muni de petites poules couveuses, est beaucoup plus facile que celui du faisan, avec lequel il a cependant une grande similitude ; aussi, pourra-t-on consulter l'article qui traite de l'élevage du faisan ordinaire, si ce que je viens de dire ne suffisait pas. Nous avons laissé, plusieurs années de suite, des colins exposés aux rigueurs de l'hiver ; nous en avons même eu qui ont supporté dix-sept degrés de froid sans en paraître incommodés, et, malgré cela, nous pensons qu'ils y sont sensibles, et que, si les plus robustes résistent, il n'en est pas de même des plus délicats. En effet, quand perd-on des colins ? En hiver, toujours aux premières gelées et pendant les grands froids, tandis qu'on n'en perd jamais lorsqu'on les rentre dans de bonnes conditions et dans une pièce où il ne gèle pas.

Il faut avoir soin de les ressortir pour la ponte du 10 au 20 mars, lorsque les fortes gelées sont passées, parce que, n'étant pas habitués au froid, ils y seraient très-sensibles. Nous doutons beaucoup qu'on parvienne jamais à acclimater en France le colin à l'état sauvage, si ce n'est dans certains départements du Midi ; il n'y a que le temps et des expériences suivies qui pourront nous fixer définitivement à ce sujet.

L'élevage de cet oiseau, lorsqu'on le connaît bien, peut être très-lucratif.

Colin Houï [1]

Cet oiseau, originaire de l'Amérique comme le précédent, se trouve depuis le Mexique jusqu'au Canada, et il abonde surtout dans le sud et le centre des États-Unis.

C'est vers 1842 qu'il a été introduit en France ; sa constitution délicate est, sans doute, la seule cause de sa rareté et du prix élevé auquel il se maintient ; car il est loin de valoir, par sa gentillesse et son plumage, le colin de Californie, dont il n'a pas la huppe caractéristique.

La femelle est plus petite que le mâle ; toutes les couleurs noires chez ce dernier sont rousses chez celle-là. Sa gorge est roux pâle, au lieu d'être blanche comme chez le mâle. Sa ponte, qui se fait ordinairement en deux fois, est en tout de vingt-cinq à trente œufs, d'un blanc pur ; elle commence vers le 15 mai ; l'incubation dure vingt-deux à vingt-trois jours, et les petits, quoique plus délicats que les colins de Californie, réclament absolument les mêmes soins. Il faut avoir soin de les rentrer l'hiver.

[1] Pour l'élevage de celui-ci et des suivants, nous renvoyons nos lecteurs à ce que nous venons de dire pour le *Colin ou perdrix de la Californie*, tous les colins exigeant les mêmes soins.

Colin Gérard

Ce colin n'est pas une espèce, mais un mulet provenant d'un mâle colin houï et d'une femelle colin de Californie. Il prend son nom de M. Gérard, qui en a élevé le premier. Son plumage tient des deux races types ; sa tête est ornée d'une huppe moins longue que celle du colin ; la gorge de noire est devenue blanche, et les plumes grises du colin houï se sont mêlées aux noires de la perdrix de Californie. Cette variété est peut-être plus jolie que les deux races types ; mais, quoique donnant une ponte abondante, elle ne se reproduit malheureusement pas. L'éducation des jeunes est semblable à celle des colins de Californie.

Colin pointillé

Ce colin, comme le précédent, est le produit d'un croisement ; on l'obtient avec un mâle colin Sonnini et une perdrix de Californie. On a beaucoup élevé de ces colins cette année ; mais ils n'obtiendront pas un heureux succès, car cet oiseau ne rachète pas son infécondité par un beau plumage.

Colin Sonnini

Cette espèce est encore rare en ce moment, mais sa fécondité et la beauté de son plumage la feront bientôt rechercher de tous les amateurs.

A peu près de la grosseur du colin houï, dont il se rapproche aussi un peu par le plumage, le colin Sonnini est gris, maillé de noir et blanc aux flancs, au ventre et aux ailes. Sa huppe, d'un blanc terne, finit en pointe ; il la tient droite, ou la couche à volonté sur l'arrière de sa tête.

La femelle est moins grosse que le mâle ; on la reconnaît aussi à sa huppe qui est moins longue que chez ce dernier. Elle commence à pondre vers le mois de juin ; ses œufs sont blancs et demandent vingt-trois à vingt-quatre jours d'incubation. Les petits sont très-délicats et s'élèvent de la même manière que les autres colins.

DE LA PERDRIX

Perdrix grise

Il est si facile de se procurer des œufs de perdrix dans les champs, en promettant quelques sous aux faucheurs, qu'il est bien inutile de vouloir s'occuper de les faire reproduire en volière.

Cependant, lorsqu'on veut employer ce moyen, on doit chercher à dissimuler autant que possible leur prison en y plantant quelques touffes de thym, de laurier et de buis ; ces arbustes restent toujours verts et forment de petits fourrés où elles préparent leur nid ; elles y déposent dix-huit à vingt œufs verdâtres et sans taches, qu'elles se mettent de suite à couver.

Les perdrix grises élevées en cage reproduisent assez facilement en captivité, mais il est à remarquer qu'il y a beaucoup d'œufs clairs, et que les petits ne sont jamais si vigoureux que ceux qui proviennent d'œufs pondus dans les champs. On doit, aussitôt que les faucheurs apportent des œufs, s'assurer s'ils sont chauds, et en casser un pour voir où en est l'incubation, si le petit est formé et s'il vit encore. Dans ce cas, on les place immédiatement sous une poule couveuse, qui peut en couver facilement vingt à vingt-cinq sans danger de les casser, parce qu'ils ont la coquille très-épaisse. Presque tous les œufs sont bons si on ne les a pas laissés refroidir; l'éclosion se fait aisément après vingt-trois ou vingt-quatre jours d'incubation s'ils n'étaient pas couvés, et les petits sont vigoureux deux ou trois heures après leur naissance. On doit alors les transporter dans la boîte à élevage et leur donner des œufs de fourmis ainsi que des œufs durs hachés avec du pain, en distribuant les repas comme pour les faisans. On peut sans inconvénient leur donner à boire dès le premier jour dans un canaris en verre.

Les perdreaux sont très-gourmands et, quoique plus petits que les faisans, ils mangent cependant beaucoup plus, aussi doit-on les habituer de bonne heure à se nourrir de millet, de chenevis et de petit blé.

À trois semaines ils en mangent assez bien; on doit alors leur retrancher les œufs de fourmis, que l'on remplace peu à peu par des œufs durs mélangés de mie de pain. La boîte à élevage devient trop petite, il faut les transporter dans un parquet; mais encore faut-il qu'il soit grand si l'on ne veut les voir bientôt se piquer avec acharnement. Vers l'âge de deux mois, ils muent et se maillent, c'est-à-dire que le mâle prend le fer à cheval, et l'espèce de collier jaune qu'il a sous la tête; on en perd beaucoup à cette époque s'ils ont toujours été enfermés; ils pé-

rissent malgré les soins et la nourriture abondante
qu'on leur donne, et, sur ceux qui restent, les uns
meurent pendant les grands froids de l'hiver, les
autres ne résistent guère pendant plus d'un an ou
deux. Certains éleveurs nous feront peut-être remarquer qu'ils ont quelques perdrix en cage depuis trois
ou quatre ans et plus, en parfaite santé. Il peut se
faire que quelques-unes se soient habituées à leur
captivité, mais ceci ne peut être considéré que comme
une exception. Mais, s'il n'y a que pertes et déceptions à espérer lorsqu'on veut élever des perdrix en
captivité, il y a un autre moyen par lequel on est
sûr de réussir.

Dès l'âge de huit jours, on lève la trappe des perdreaux et on les lâche sur une prairie; ils sont plus
familiers que des petits poulets, car ils viennent de
loin au-devant de la personne qui a l'habitude de
leur donner leur nourriture, et, au moindre danger
qui les menace, on les voit rentrer de suite sous leur
mère dans la boîte à élevage.

En les élevant dans cette demi-liberté, on a fort
peu besoin d'œufs de fourmis, les œufs durs suffisent
dès qu'ils ont une huitaine de jours, parce qu'ils
trouvent eux-mêmes dans l'herbe une grande quantité d'insectes et de moucherons. Si on veut les élever pour les manger, on les déjoint deux ou trois
jours après leur naissance; cette opération est pour
eux sans danger à cet âge. Si, au contraire, on veut
les élever pour la chasse, il n'y a pas à s'en occuper;
on les élève, soit dans le parc, soit dans la basse-

cour; lorsqu'ils ont abandonné leur mère, ils partent en plaine, mais reviennent encore pendant plusieurs mois coucher dans le lieu de leur naissance.

Lorsqu'ils sont déjointés et qu'on les élève dans un jardin de peu d'étendue, il faut leur faire une petite cabane dans un coin; ils y viennent coucher tous les soirs si l'on a eu soin de bien les y habituer pendant qu'ils sont encore avec leur mère, car leur instinct les porte toujours à passer la nuit au milieu d'une pelouse ou d'une large allée.

Perdrix rouge.

Il en est de même pour la perdrix rouge; il est à peu près inutile de vouloir essayer de l'élever en volière, parce qu'on n'y arrive que très-difficilement. Les petits viennent d'abord très-bien jusqu'à un mois, mais à cet âge ils meurent généralement presque tous en deux ou trois jours, sans que l'on puisse y porter aucun remède. Cette espèce pond des œufs aussi gros que les faisans dorés; ils sont de couleur marron, tiquetés irrégulièrement de taches rousses et noires.

En les élevant à l'état demi-sauvage, on a beaucoup plus de chance de succès, car il ne faut jamais espérer pouvoir les conserver longtemps en captivité.

Le mâle perdrix rouge est plus gros que la femelle; on le reconnaît aux éperons qu'il a aux pattes.

Perdrix gambra

Cette espèce, peu connue il y a quelques années, est maintenant fort répandue en France ; on fait venir chaque année d'Algérie plusieurs milliers d'œufs que l'on fait couver dans les faisanderies nationales et dans quelques autres grandes chasses particulières. Cette espèce est plus petite que la perdrix rouge ; elle en a presque le plumage, qui ne diffère que par sa gorge bleu-clair et par un beau collier noir tiqueté de petits points blancs. Les œufs sont plus petits, mais semblables à ceux de perdrix rouges. La perdrix gambra réclame les mêmes conditions d'élevage que ces dernières, et tous les petits que nous avons voulu élever en captivité n'ont jamais vécu plus de six à sept semaines. On ne continuera sans doute pas longtemps à vouloir acclimater en France cette perdrix, qui ne peut supporter nos hivers. Il faut donc, quand on en a, avoir soin de les rentrer pendant cette saison. Cette espèce n'a aucun avantage sur les autres perdrix ; on ne l'a élevée en France qu'à cause de la grande facilité avec laquelle on a pu se procurer ses œufs ; mais n'est-il pas à craindre qu'on ne finisse par dépeupler les provinces d'Alger et d'Oran, sans pour cela réussir à les acclimater chez nous ?

DE LA CAILLE

La caille est plus rustique et plus facile à élever que la perdrix; son peu de valeur fait qu'on se livre moins à son éducation, qui est cependant très-intéressante et se fait avec plus de succès que celle des perdrix et des faisans.

La caille aime la plaine; la perdrix préfère les coteaux; on doit donc, autant que possible, disposer le sol de leurs volières selon leurs goûts, en les garnissant, comme je l'ai déjà dit, de petits arbustes. En volière, la caille donne comme la perdrix un grand nombre d'œufs, si on ne la laisse pas couver; et, pour cela, il faut savoir les lui enlever à point, après chaque ponte et avant qu'elle ne soit prise de l'envie de couver; aussi vaut-il mieux les lui retirer trop tôt que trop tard, parce qu'elle se dépite moins et recommence plus vite à pondre. Il n'est pas rare, par ce moyen, d'obtenir quarante à cinquante œufs d'une seule femelle [1]. Pour obtenir une bonne reproduc-

---

[1] Voir à ce sujet le *Guide pour élever les cailles et les perdrix, et leur faire produire, aux cailles de quarante-cinq à cinquante petits, et aux perdrix de cinquante-cinq à soixante*, par l'abbé ALLARY. Nouvelle édition, 1 vol. in-18, orné de figures, *franco* : 2 fr. AUGUSTE GOIN, éditeur, rue des Écoles, 62, à Paris. (*Note de l'éditeur.*)

tion, il faut que, comme pour la perdrix, la caille soit jeune et née en domesticité; passé cinq ans, elle doit être renouvelée. On peut si facilement se procurer des œufs de cailles par les gens de la campagne, que ce moyen est encore le plus sûr et le plus commode.

Les cailles commencent à pondre vers le mois de mai; leurs œufs sont plus petits que ceux des perdrix : ils sont d'un blanc pâle presque jaune, irrégulièrement mouchetés de taches noires. Les cailleteaux, moins délicats que les jeunes colins, réclament à peu près les mêmes soins. Ils courent et mangent deux ou trois heures après leur naissance. Les œufs de fourmis et les œufs durs hachés avec du pain sont la nourriture la plus convenable pendant le premier mois; passé cette époque, on peut sans danger ne leur donner que du grain.

Le millet, le chénevis, le petit blé et le sarrasin sont ce qui leur convient le mieux ; bien que ces grains fassent la base de leur nourriture, la verdure leur est indispensable toute l'année; aussi, doit-on, comme aux perdreaux, leur en donner chaque jour en abondance.

Il faut, à trente jours, les retirer de la boîte à élevage et les mettre dans un parquet d'une assez grande étendue, si on ne veut les voir bientôt se piquer avec fureur et mourir dans un état de maigreur extrême.

Le mâle se reconnaît à ses couleurs plus foncées; ses flancs et son poitrail, ainsi que son collier, sont gris-jaune au lieu d'être gris-blanc, comme chez la femelle; c'est à la fin de septembre et en octobre que les cailles émigrent d'Europe pour aller en Afrique; c'est à cette époque, et durant quinze jours environ, qu'on doit, au dire de certains auteurs, les couvrir d'une toile ou d'un filet pour les empêcher de se briser la tête au toit de leur prison, car, pendant tout le temps que dure cette passion d'émigrer, elles s'élancent en l'air avec une force telle, qu'elles s'exposent à se fendre la tête. Cet instinct d'émigrer se remarque, disent-ils, chez tous les individus, soit seuls, soit en société, soit en cage ou en volière, et, ce qu'il y a de plus étonnant, c'est qu'on le trouve avec la même ardeur dans les sujets élevés en domesticité, qui n'ont, par conséquent, jamais connu l'émigration.

Pour nous, nous n'avons jamais été à même de faire cette observation, quoique nous ayons conservé plusieurs années de suite une dizaine de cailles dans un grand parquet, sans prendre aucune précaution au moment de l'émigration; nous n'en avons jamais vu essayer de partir ou de se tuer.

Les cailles craignent le froid; aussi doit-on, l'hiver, les rentrer dans une pièce où elles soient à l'abri des fortes gelées.

DU PAON

Paon ordinaire

Cet oiseau est originaire de l'Inde; on le trouve en abondance dans la province de Guzarate, dans les environs de Calicut, la côte de Malabar, le Bengale et les frontières du royaume de Siam. Il existe aussi à l'état sauvage dans les îles de Sumatra, de Bornéo et de Ceylan.

A l'état sauvage, il vit par petites troupes sur la lisière des bois et perche la nuit sur les arbres les plus élevés. Qui ne connaît l'élégant plumage et les riches couleurs de ce bel oiseau? Aussi est-ce plutôt comme ornement que comme produit qu'on l'entretient dans les basses-cours.

Les jeunes paonneaux, quoique ayant la chair un peu fade, sont bons à manger; les vieux l'ont dure et coriace. Le paon a besoin de jouir d'une demi-liberté; trop exclusivement retenu dans une basse-cour, il devient méchant pour les autres volailles, et va même jusqu'à tuer les plus faibles.

Sans trop abuser de sa liberté, il vient chaque jour prendre ses repas avec les poules, puis s'éloigne de nouveau pour courir dans le parc et autour de l'habitation. Il adopte un toit ou un arbre élevé sur lequel il vient coucher tous les soirs.

Son cri discordant et désagréable est racheté par la magnificence de son plumage et par sa vigilance, car il peut au besoin servir de chien de garde. Il est malheureusement privé une partie de l'année de son éclatant plumage ; sa mue, commençant vers la fin de l'hiver, n'est terminée qu'au mois de juin ou de juillet.

Les paons vivent de vingt-cinq à trente ans, et un mâle peut suffire à cinq ou six femelles. Ils n'atteignent leur entier développement qu'à trois ans, mais cependant ils commencent à reproduire dès la seconde année.

La femelle pond en avril ou en mai six ou huit œufs blancs, sans taches, à peu près de la grosseur de ceux du dindon. Elle recherche, pour les déposer dans un nid grossièrement construit à terre, les lieux les plus secrets.

Avec un peu de patience et d'attention, on a bientôt découvert sa cachette ; on y prend alors chaque fois l'avant-dernier œuf pondu, et on peut de cette manière forcer la ponte et obtenir quinze ou vingt œufs de chaque femelle. Les petits s'élèvent beaucoup plus facilement avec une dinde ou une grosse poule ordinaire ; ils deviennent plus familiers et sont beaucoup moins difficiles à diriger. Une dinde peut couver dix à douze œufs de paon, mais une poule n'en peut guère couvrir plus de cinq.

L'incubation dure trente jours, et les petits peuvent manger dès leur naissance, mais il est préférable de les laisser jeûner pendant dix ou douze heures ; ils n'en sont que plus vigoureux.

On les transporte alors avec leur mère dans la boîte à élevage, et on les nourrit d'œufs de fourmis et d'œufs durs hachés avec du pain. Lorsqu'ils ont huit jours, on lève la trappe et on les laisse sortir, en retenant encore la mère afin qu'ils puissent venir se réchauffer sous ses ailes. A trois semaines, on la lâche avec eux, elle les conduit dans les bosquets et les prairies des environs, où ils trouvent eux-mêmes une partie de leur nourriture ; cependant, cela ne leur suffirait pas, et on doit, pour leur faire passer sans accident la crise de la mue, qui arrive lorsqu'ils prennent l'aigrette, leur donner matin et soir un bon repas d'œufs durs et de pain. Le millet leur est aussi très-salutaire lorsqu'ils sont tout petits ; adultes, ils se nourrissent indistinctement d'orge, d'avoine, de blé, de sarrasin ou de maïs ; ils aiment encore les fèves concassées, ainsi que les topinambours cuits et écrasés.

On peut élever les paonneaux sans œufs de fourmis, et l'on réussit même très-bien en suivant la première et la seconde méthode d'élevage que nous avons données à l'article du faisan commun, p. 43 et 44.

Paon blanc

Parmi les variétés du paon, la plus remarquable est la blanche. Cette couleur leur vient après plusieurs générations, lorsqu'on les transporte dans les pays froids ; ainsi, les premiers paons blancs nous sont venus de Suède et de Norwége ; exportés de nouveau dans les pays chauds, ils perdent peu à peu cette éclatante blancheur pour revêtir leur ancien plumage.

On a encore obtenu des paons panachés avec des paons ordinaires croisés avec des blancs, ou même seulement avec ces derniers transportés dans un climat plus doux. Ces deux variétés s'élèvent comme notre paon ordinaire, dont ils ont les mêmes mœurs ; ils sont seulement d'un tempérament plus délicat et demandent par conséquent plus de soins.

DU CANARD

Canard mandarin

Cette espèce, qu'on désigne encore sous les noms de canard à éventail et sarcelle de la Chine, se fait remarquer par la beauté de son plumage, par sa belle huppe verte et pourpre, et enfin par la disposition singulière des deux plumes qu'il porte au-devant de chaque aile, et dont les barbes coupées carrément et d'une longueur extraordinaire lui forment comme deux petites ailes droites, d'un beau rouge orangé.

Cet oiseau se rapproche par sa forme de nos sarcelles. Originaire du nord de la Chine, il sert dans ce pays à orner les cours et les bassins des personnes riches.

Le canard mandarin a été introduit en Europe vers 1850, et tous ceux qu'on y voit actuellement proviennent de deux couples possédés par un riche amateur de Rotterdam.

Quoique prenant son beau plumage dès l'âge de six mois, le mâle n'est cependant bon à la reproduction qu'à deux ans. Les femelles ne pondent pas toujours la première année ; cependant, lorsqu'elles sont fortes et dans de bonnes conditions, elles donnent souvent de huit à dix œufs qui doivent, pour être bons, avoir été fécondés par un vieux mâle.

À deux ans, elle donne de vingt à vingt-cinq œufs ou deux pontes ; mais si on la laisse couver la première, elle élève ses petits et n'en fait pas d'autres.

Les canards mandarins ne sont pas polygames ; ils nichent dans les trous des arbres, et on ne les fait reproduire, lorsqu'ils sont déjointés, que dans de petites grottes ou paniers placés près de l'eau, encore ne réussira-t-on jamais aussi bien qu'en volière.

DES PARQUETS

Un parquet de 2 à 3 mètres carrés sur 2 mètres de hauteur suffit à une paire de mandarins ; il doit avoir un petit bassin de 1 mètre de diamètre environ sur 25 à 30 centimètres de profondeur, afin que les canards puissent y plonger.

L'aire du parquet restée libre doit être couverte de sable, ou mieux encore de petits graviers de rivière. Il doit y avoir à 1 mètre 50 centimètres du sol un gros perchoir de 8 centimètres de diamètre, car ces oiseaux se perchent souvent pendant le jour. Comme ils ne pondent pas à terre, on doit avoir soin de placer dans le haut une petite boîte carrée de 40 centimètres environ, munie sur le devant d'une

petite ouverture par laquelle entre la femelle, qui va
déposer ses œufs dans un nid en paille qu'on a dû
lui préparer d'avance. Ce nid doit être rond et un
peu creux.

NOURRITURE DES COUPLES REPRODUCTEURS

Ces derniers doivent être nourris de blé et de
millet mélangés et placés dans une petite auge non
loin de leur bassin. On doit aussi leur donner tous
les jours de la verdure, des choux, des salades ou
mieux même du cresson. On les échauffera un peu
pour la ponte, en leur donnant vers la mi-mars des
vers de terre, des œufs durs hachés avec du pain et
de la lentille d'eau.

DE LA PONTE

C'est vers les premiers jours d'avril que la femelle
commence à pondre ; elle donne ordinairement tous
les deux jours un œuf de couleur jaune clair, remarquable par le poli de sa coquille ; sa première
ponte est de dix à douze œufs, qu'on doit lui retirer
et placer sous une poule avant qu'elle ne se mette
à les couver. Au bout de quelques jours, elle fait
une nouvelle ponte à peu près égale à la première ;
on la lui laisse couver et les petits éclosent après
une incubation de trente et un à trente-deux jours.

DE LA COUVERIE ET DE L'ÉCLOSION

On doit prendre, pour la construction des nids et pour les soins à donner à la poule couveuse toutes les précautions que nous avons indiquées à l'article du faisan commun, p. **24**. Les petits sortent d'eux-mêmes et facilement de la coquille.

SOINS ET NOURRITURE A DONNER AUX JEUNES MANDARINS

Lorsqu'on élève des mandarins avec une poule, on doit, aussitôt leur naissance, les transporter dans la boîte à élevage et leur donner des œufs de fourmis.

On leur donne aussi de la verdure et surtout une petite herbe dite *camille*, dont ils sont très-friands. Cette herbe croît sur les petits ruisseaux et se trouve en abondance dans les pays marécageux.

Les petits vers de terre, les œufs durs hachés avec du pain et même de la viande, tels sont les aliments qu'on doit leur donner en abondance.

A deux ou trois semaines, on les transporte dans un parquet pourvu d'un bassin, et on place la poule dans un coin sous une petite boîte, comme nous l'avons indiqué pour les faisans. Il faut veiller à ce que le bassin soit toujours bien plein, afin que les petits puissent en sortir facilement ; ils pourraient s'y noyer sans cette précaution.

D'un mois et demi à deux mois, ils commencent à bien manger le grain ; on supprime les œufs de fourmis, mais on continue encore quelque temps les autres aliments, pour ne pas les en priver trop brusquement.

On a beaucoup moins de mal à élever les jeunes mandarins lorsque c'est la femelle qui les couve et les élève ; on les descend du nid aussitôt leur naissance, ou, mieux encore, on place au-dessous une bonne épaisseur de paille pour qu'ils ne se tuent pas en sautant. Leur mère se charge alors de les conduire à l'eau et de leur faire choisir, parmi tous les aliments qu'on leur présente, ceux qui leur conviennent le mieux. Les petits atteignent leur grosseur à l'âge de deux mois et demi environ ; on peut à cette époque les considérer comme hors de danger et leur donner la même nourriture qu'aux couples reproducteurs, en ayant soin, toutefois, de leur donner, comme nous l'avons déjà dit, de la verdure en abondance, car c'est une des principales bases de leur alimentation.

Canard de la Caroline

Ce canard est le plus beau que nous connaissions, et certaines personnes le préfèrent au canard mandarin. Ses couleurs sont en effet plus vives et plus variées, sa tête est ornée d'une forte huppe violette, ses ailes ont aussi les mêmes reflets ; son cou est coupé d'un beau collier blanc; ses flancs sont gris et jaune clair; son poitrail est brun, à reflets violets, parsemé de petites étoiles blanches.

La femelle de cette espèce ressemble beaucoup à celle du mandarin; elle a cependant le corps et la tête plus allongés; son poitrail est plus foncé et son ventre paraît un peu plus blanc; elle a en plus les yeux entourés de blanc et d'une petite membrane jaune.

En été, le carolin habite les régions glaciales du nouveau continent; en hiver, il émigre dans toute l'Amérique septentrionale, depuis le Canada jusqu'au Mexique; il a exactement les mêmes mœurs que le mandarin, et on ne peut compter sur une bonne reproduction que lorsqu'il a deux ans; il n'est pas polygame et se perche, comme le mandarin, sur les arbres dans les trous desquels il place son nid. Le carolin se reproduit facilement en parquet, pourvu qu'il soit disposé comme nous l'avons dit plus haut. On doit suivre, pour l'éducation des petits, le même mode d'élevage que celui indiqué pour l'espèce précédente.

Canard plombière

Cette espèce n'est qu'un mulet provenant d'une femelle carolin accouplée avec un mâle mandarin ou un mâle malouin.

Le dos et les ailes de ce canard sont noir-violet,

ses flancs sont jaune-orangé. Il est de la grosseur et de la forme des carolins, mais beaucoup moins joli que ces derniers.

On élève beaucoup plus de plombières en Hollande qu'en France; ces canards ne sont pas très-recherchés chez nous, sans doute à cause de leur infécondité.

DU CYGNE

Cygne domestique

Le cygne vit à l'état sauvage dans le nord de l'Europe, mais, de temps immémorial, il s'est parfaitement habitué à vivre chez nous à l'état de domesticité.

Il est généralement doux et pacifique; cependant il se défend quelquefois avec acharnement lorsqu'on l'attaque, et il y en a même qui deviennent méchants lorsqu'ils couvent ou qu'ils ont des petits.

Le mâle ne doit avoir qu'une femelle; celle-ci pond quelquefois à deux ans, mais on ne doit compter sur une bonne reproduction qu'à sa troisième année.

C'est en février que la femelle fait son nid, soit dans la cabane, soit dans les roseaux; elle le forme d'herbes sèches, et y dépose cinq à huit œufs blancs gros comme le poing. Pendant tout le temps de l'incubation, qui dure quarante jours environ, le mâle veille auprès d'elle, prêt à la défendre au moindre danger.

On donne aux petits nouvellement éclos, de la mouture d'orge délayée dans de l'eau et du pain trempé dans du lait. Ils aiment aussi beaucoup la viande, et on ferait bien de leur en composer un hachis mélangé de salade. Le père et la mère en ont grand soin, ils les conduisent à l'eau dès leur naissance. Les petits cygnes sont, du reste, très-rustiques, et s'habituent au grain de bonne heure; ils sont pendant deux mois couverts d'un duvet gris très-épais, et ce n'est que très-lentement que ce duvet est remplacé par des plumes d'un gris sale, qui tombent, l'année suivante, pour être remplacées par des blanches.

Un litre d'avoine (et c'est la nourriture qu'ils préfèrent), donné tous les matins à un couple de cygnes adultes, leur suffit, lorsqu'ils peuvent aller sur une grande pièce d'eau, parce qu'ils y trouvent des plantes et des graines aquatiques, des vers, des grenouilles et une grande quantité d'insectes dont ils sont très-friands. Ils mangent aussi beaucoup d'herbe. Il faut doubler leur ration pendant l'hiver, parce qu'ils sont privés des insectes et de la végétation que leur offre l'été.

On doit couper le fouet de l'aile aux jeunes cygnes, ou avoir soin de leur couper quelques plumes tous les ans, au commencement de l'hiver; on serait exposé, sans cette précaution, à les voir s'envoler dans les grandes gelées, et partir avec les grandes bandes d'oies sauvages qui viendraient à passer au-dessus d'eux.

Le cygne ne se nourrit nullement de poissons, comme le croient certaines personnes; loin d'être nuisible à une pièce d'eau, il la débarrasse de toutes les herbes aquatiques qui l'envahissent.

L'espèce domestique se distingue du cygne sauvage par sa blancheur éclatante, par ses pattes plus noires et par son bec orange.

La femelle est généralement plus petite et plus timide que le mâle; elle a aussi le tubercule du bec moins gros que celui-ci.

On doit considérer le cygne comme un oiseau d'ornement et non de produit; on peut cependant en retirer quelque profit en le dépouillant comme les oies deux fois par an de son duvet, qui est aussi estimé que l'édredon; mais cette opération le dépare beaucoup et ne se pratique presque jamais. La chair en est bonne lorsqu'il est jeune et gras; mais elle devient noire et coriace en vieillissant.

Ce bel oiseau atteint, dit-on, soixante et même quatre-vingts ans. Il est complétement muet et ne fait entendre qu'une espèce de sifflement assez désagréable. La plus grande partie de son existence se passe sur l'eau; il marche mal et perd à terre l'élégance et la grâce qui le caractérisent lorsqu'il nage.

Cygne blanc de Hollande

On a en Hollande une espèce de cygnes domestiques aussi beaux que les nôtres et de mœurs exactement semblables, ils ont de plus le grand avantage de devenir blancs dès la première année. On reconnaît cette espèce à ses pattes grises, presque blanches, au lieu d'être noires comme chez le cygne commun.

Cygne sauvage

Cette espèce est assez commune dans les îles situées au nord de l'Écosse. Ses pattes ainsi que son bec sont noirs; mais ce dernier a une teinte jaune à la base de la mandibule supérieure. Son corps est plus élancé et moins gros que celui du cygne domestique; son plumage semble être d'un blanc moins éclatant, son cou et le dessus de sa tête sont d'un blanc gris qui tire sur le jaune.

Ce cygne pond quatre à six œufs bruns tachetés de blanc; mais il reproduit difficilement en captivité.

Cygne noir

Cette espèce est originaire des côtes méridionales de la Nouvelle-Hollande et de la terre de Van-Diémen, où il est très-commun.

Cet oiseau est entièrement noir, à l'exception des premières pennes de ses ailes qui sont blanches. La couleur rouge de son bec et de ses yeux, ressortant sur ce fond noir, produit un très-bel effet. Il a le corps plus petit et plus court que celui du cygne blanc, ce qui fait paraître son cou beaucoup plus

long. Il donne deux pontes, l'une en avril, l'autre
en octobre. Les petits sont gris-noir en naissant; un
peu plus délicats que nos jeunes cygnes, ils réclament
les mêmes soins.

Cygne blanc à col noir

Cette espèce se trouve dans la Confédération ar-
gentine, au détroit de Magellan, aux Malouines et
sur les côtes de l'Océan Pacifique, où il vit en bandes
assez nombreuses.

Ce cygne est très-rare. Introduit il y a vingt ans
en Angleterre, il s'y est reproduit régulièrement
depuis cinq ans. Sa ponte est de six à huit œufs.

APERÇU *des prix auxquels on peut, entre amateurs, se procurer les différentes espèces d'oiseaux dont nous venons de parler.*

Folios des pages.	NOMS DES ESPÈCES.	Prix de la paire.		Prix des œufs, la pièce.			
		variant		variant			
9	Faisan doré (à 2 ans)...	de 50 f.	à 60 f.	de 1 50 fr.		à 2 f.	»
9	— doré (1 an)........	30	40	»	»	»	»
12	— charbonnier (2 ans)	60	70	2	»	»	»
12	— argenté (2 ans)..	35	40	1	»	1	25
12	— argenté (1 an)...	20	25	»	»	»	»
14	— de l'Inde........	25	35	1	»	1	25
16	— versicolore......	150	200	»	»	»	»
16	— à collier........	18	20	»	60	1	»
17	— de Bohême......	20	25	»	75	1	»
17	— panaché........	25	30	»	75	1	»
18	— blanc..........	40	50	1	50	2	»
19	— cendré.........	30	35	1	»	1	25
20	— ordin. (des bois).	20	25	»	50	1	»
55	Houppifère mélanotus (2 ans).	60	80	5	»	6	»
56	— mélanotus (1 an).	60	80	»	»	»	»
56	— Cuvier (2 ans).	150	200	6	»	»	»
56	— Cuvier (1 an).	150	160	»	»	»	»
56	— albocristatus (2 ans)	60	80	6	»	7	»
56	— albocristatus (1 an)	150	160	»	»	»	»
59	Colin de Californie....	20	30	1	»	1	25
68	— Houi............	30	40	1	50	2	»
69	— Gérard..........	30	35	»	»	»	»
69	— pointillé........	25	30	»	»	»	»
69	— Sonnini.........	35	50	6	»	»	»
71	Perdrix grise.........	8	10	»	25	»	40
74	— rouge..........	10	12	»	75	1	»
75	— Gambra........	25	30	1	»	1	25

Pages des espèces.	NOMS DES ESPÈCES.	Prix de la paire.		Prix des œufs la pièce.			
		variant		variant			
77	Caille.................	de 6 f. à	8 f.	de f. 20 c. à f. 30 c.			
81	Paon ordinaire (2 ans)..	40	50	2 50	3	»	
81	— ordinaire (1 an)...	15	20	»	»	»	»
84	— blanc (2 ans).....	200	250	8	»	10	»
85	Canard mandarin......	100	120	8	»	10	»
89	— de la Caroline.	35	40	6	»	»	»
90	— plombière.....	40	100	»	»	»	»
93	Cygne domestique (2 ans).	80	100	5	»	6	»
93	— domestique (1 an).	30	40	»	»	»	»
95	— blanc de Hollande	40	50	»	»	»	»
96	— sauvage........	150	200	»	»	»	»
96	— noir (1 an)......	150	200	15	»	20	»
97	— blanc à col noir..	800	1000	»	»	»	»

TABLE DES MATIÈRES

DU COLIN

DE LA PERDRIX

DE LA CAILLE

DU PAON

DU CANARD

DU CYGNE

FIN

2059. — Imp. Ch. Noblet, r. Soufflot, 18.

LIBRAIRIE CENTRALE D'AGRICULTURE ET DE JARDINAGE
Rue des Écoles, 62, près le Musée de Cluny, à Paris
— **Auguste GOIN, Éditeur** —

ABEILLES

LEUR ÉLEVAGE

PAR LES PROCÉDÉS MODERNES

PAR

Georges DE LAYENS

1 vol. in-18, orné de 60 fig. dessinées par l'auteur

Prix : **2 fr. 50**. — *Franco* : **2 fr. 75**

On a l'habitude de distinguer deux méthodes dans l'éducation des Abeilles : l'ancienne, dite à bâtisses fixes, et la nouvelle, dite des ruches à rayons mobiles.

Le livre de M. de Layens expose par quelles considérations un grand nombre d'apiculteurs ont été amenés à préférer le système moderne.

En France, ces nouvelles méthodes gagnent tous les jours du terrain. Elles sont aujourd'hui d'une pratique constante en Allemagne, en Amérique, et commencent à se répandre en Italie, en Angleterre et en Suisse.

L'ouvrage de M. de Layens se divise en deux parties :

La première partie — **Pratique** — comprend, avec un court résumé de l'histoire naturelle des Abeilles, un exposé détaillé de toutes les opérations d'apiculture.

Dans la deuxième partie — **Théorie** — l'auteur justifie successivement chacun des nouveaux procédés, et démontre leur incontestable avantage.

Le livre de M. Georges de Layens, à la fois bref et complet, est le manuel indispensable de tout apiculteur sérieux.

Extrait du Catalogue général de la Librairie

Abeilles. — Le Conservateur des abeilles ou moyens éprouvés pour conserver les ruches et pour les renouveler, par Jonas de GÉLIEU. 1837. 1 vol. in-8° et 3 pl. (*franco : 2 fr.*) 1 75

Arboriculture. — Manuel pratique renfermant ce que les meilleurs auteurs et les praticiens ont dit de mieux sur le *défoncement*, la *plantation*, les *formes*, la *taille* et la *mise à fruit* des arbres fruitiers, par l'abbé RAOUL, 3e édit. In-18 avec pl. (*franco : 2 fr. 30*). 2 fr.
Approuvé par la Commission des bibliothèques scolaires.

Arbres d'agrément. — Traité de la taille des grands arbres d'agrément propres aux grandes plantations, aux bordures le long des chemins, sur les bords des champs, sur les places publiques, pour allées d'avenue, salles d'ombrages, sites pittoresques, massifs et paysages, suivi de celle de l'amandier, du noyer et du châtaignier, par J. GAUTIER. In-8° orné de 18 fig. (*franco : 2 fr. 30*). 2 fr.

Arbres fruitiers. — Conseils sur le choix, la culture et la taille des arbres fruitiers, pouvant convenir aux provinces du nord, de l'est, de l'ouest et du centre de la France, par le comte DE LAMBERTYE. 1 vol. in-18, orné de 33 fig. (*franco : 1 fr. 15*). 1 fr.
Approuvé par la Commission des bibliothèques scolaires.

Arbres fruitiers (*Des*) **et de la Vigne**, par YSABEAU. 1 vol. in-18, orné de fig. (*franco : 1 fr. 15*). 1 fr.
Approuvé par la Commission des bibliothèques scolaires.

Asperges (*Semis, plantation et culture des*), par BOSSIN, 3e édition. 1 vol. in-18 avec figures (*franco : 1 fr. 15*). 1 fr.

Botaniste et Herboriste (*Petit manuel du*), donnant la description de 220 plantes médicinales, suivi de principes de médecine, de pharmacie, d'hygiène et d'économie domestique, par L. T., F. M. et P. M., 2e édit. 1 vol. in-18, orné de 30 fig. réunies en 6 planches (*franco : 2 fr. 25*). 2 fr.

Bouturer, Greffer, Marcotter et Semer (*Guide pour*) les plantes d'ornement, annuelles ou vivaces, arbres et arbustes, extrait en partie du *Jardin fleuriste*, par LEMAIRE, LEQUIEN, le vicomte DE BUYSSON, etc., 2e édit. In-18 orné de 35 fig. (*franco : 1 fr. 15*). 1 fr.

Cactées. — Leur culture, suivie d'une description des principales espèces et variétés, par PALMER. In-18 orné de 33 figures (*franco : 2 fr. 30*). 2 fr.

Cailles, Perdrix, Colins ou Cailles d'Amérique. — Guide pratique pour les élever, etc., par ALLARY, nouvelle édition. 1 vol. in-18, fig. (*franco : 2 fr. 25*). 2 fr.

Champignons (*Culture des*), avec l'indication d'une nouvelle méthode pour en obtenir en tous lieux par l'emploi de la mousse, par SALLE, 4e édit. 1 vol. in-18, orné de 20 figures dans le texte (*franco : 1 fr. 15*). 1 fr.

Engrais perdus dans les campagnes (*deux milliards par an*), par DELAGARDE, 2e édit. 1 vol. in-18 (*franco : 1 fr. 75*). 1 50
Approuvé par la Commission des bibliothèques scolaires

Études agronomiques, divisées en quatre livres : 1° des travaux généraux de la culture; des grands végétaux comprenant les arbres forestiers et les arbres fruitiers ; 3° du bétail ; 4° des abeilles et de leurs produits, par A. Bosson. 1 vol. in-18 (*franco* : 4 fr.). 3 50

Faisans, Canards mandarins, Cygnes, etc. — Guide pratique pour les élever, par Alfred Touchard (Arthur Legrand). 2° édit. 1 vol, in-18, avec fig. (*franco* : 2 fr. 25). 2 fr.

Faisans et Perdreaux. — Précis sur la manière de les élever. 1 vol. in-18 orné de fig. (*franco* : 2 fr. 25). 2 fr.
Réimpression de l'ouvrage original publié en MDCCLXXII.

Fleurs de pleine terre et de fenêtres. — Conseils sur leur culture, pouvant convenir aux provinces du nord, de l'est, de l'ouest et du centre de la France, par le comte DE LAMBERTYE, 2° édit. 1 vol. in-18 (*franco* : 1 fr. 15). 1 fr.
Approuvé par la Commission des bibliothèques scolaires.

Fraises. — Les bonnes fraises. Manière de les cultiver pour les avoir au maximum de beauté, par F. Gloede, 2° édit. 1 vol. in-18, fig. (*franco* : 2 fr. 20). 2 fr.

Fraisier. — Sa culture en pleine terre, suivie d'un choix des meilleures variétés à cultiver, par le comte DE LAMBERTYE. 1 vol. in-18 (*franco* : 1 fr. 10). 1 fr.
Approuvé par la Commission des bibliothèques scolaires.

Fuchsia (*Histoire et culture du*), suivies d'une nomenclature méthodique des plus belles variétés connues, par F. Porcher, 1° édit. 1 vol. in-18 (*franco* : 2 fr. 20). 2 fr.

Jardinage. — Éléments de jardinage pouvant convenir aux provinces du nord, de l'est, de l'ouest et du centre de la France, par le comte DE LAMBERTYE. In-18 avec fig. dans le texte (*franco* : 1 f. 15). 1 fr.

Jardin fleuriste (*Le*). — Instructions pour la culture des plantes annuelles, bisannuelles, vivaces ; plantes à feuilles ornementales ; oignons à fleurs ; arbres et arbustes, par Lemaire, Lequien, Bossin, Bernardin, Carrière, vicomte DU Buysson, Palmer, Porcher, Rivière fils, etc., revu et complété par Auguste Rivière, jardinier en chef du Luxembourg, 3° édit. 1 vol. in-18, orné de 91 fig. (*franco* : 4 fr.). 3 50

Lapin domestique (*Traité pratique de l'éducation du*), par Alexis Espanet, 5° édit. 1 vol. in-18, avec figures (*franco* : 1 fr. 15). 1 fr.

Légumes. — Conseils sur les semis de graines de légumes, offerts aux habitants de la campagne, par le comte DE LAMBERTYE, 4° édit. In-18 (*franco* : 65 c.). 50 c.
Approuvé par la Commission des bibliothèques scolaires.

Légumes. — Conseils pour les semis et la culture des légumes en pleine terre, offerts aux habitants de la campagne du département du Rhône et pouvant convenir à presque tout le territoire des départements limitrophes : Ain, Loire, Saône-et-Loire, par le comte DE LAMBERTYE, 1 vol. in-18 (*franco* : 1 fr. 15). 1 fr.

Légumes et fleurs. — Conseils sur la culture de légumes et de fleurs sous un, deux ou trois châssis, pendant les douze mois de l'année, pouvant convenir aux provinces du nord, de l'est, de l'ouest, et du centre de la France, par le comte DE LAMBERTYE. 1 vol. in-18, orné de figures dans le texte (*franco* : 65 c.). 50 c.
Approuvé par la Commission des bibliothèques scolaires.

Matériel agricole (*Le*). — Description et examen des instruments, des machines, des appareils et des outils au moyen desquels on peut exécuter tous les travaux agricoles, par A. Jourdier. 3° édit. ornée de 206 fig. dans le texte. 1 vol. in-18 (*franco* : 4 fr.). 3 50

Melon, Concombre vert long, Concombre cornichon, Courge à la moelle et Potiron vert d'Espagne. — Conseils sur leur culture à l'air libre, par le comte DE LAMBERTYE. 1 vol. in-18, orné de figures indicatives pour les tailles (*franco : 1 fr. 15*).   1 fr.

Oiseaux de volière (*Manuel de l'amateur des*), ou instruction pour connaître, élever, conserver et guérir toutes les espèces d'oiseaux que l'on aime à garder en volière ou dans la chambre, par BECHSTEIN. Nouv. édit. 1 vol. in-18, orné de fig. dans le texte (*franco : 4 fr.*). 3 50

Pêche à la ligne. — Conseils par Ch. JOBEY. 1 vol. in-18, orné de fig. (*franco : 2 fr. 25*).   2 fr.

Pigeons. — Leur éducation, par A. ESPANET. 3e édit. 1 vol. in-18, avec fig. (*franco : 1 fr. 15*).   1 fr.

Plantes à feuilles ornementales en pleine terre (*Les*) : *Caladium, Cannas, Gynerium, Musa, Solanum, Wigandia,* etc. Botanique et culture, par le comte DE LAMBERTYE. 2 vol. in-18, ornés de figures et tableaux (*franco : 2 fr. 35*).   2 fr.

Plantes fourragères (*Traité pratique de la culture des*), par DE THIER. 3e édit. revue et augmentée par LEROY. 1 vol. in-18, figures (*franco : 1 fr. 50*).   1 25

Approuvé par la Commission des bibliothèques scolaires.

Plantes molles de pleine terre : *Pétunia, Géranium, Pensée, Verveine, Héliotrope.* Culture pratique, par le vicomte F. DU BUYSSON. 1 vol. in-18, fig. (*franco : 1 fr. 15*).   1 fr.

Pomone agricole. — Plantation et culture du poirier et du pommier dans les champs et les vergers, suivies d'une notice sur la fabrication du cidre et sur la préparation alimentaire des poires et des pommes, par Ferdinand MAUDUIT. 1 vol. in-18, orné de 25 fig. dans le texte (*franco : 1 fr. 45*).   1 25

Ouvrage couronné par la Société centrale d'horticulture de la Seine-Inférieure.— Approuvé par la Commission des bibliothèques scolaires.

Porcs (*Du traitement des*) aux différentes époques de l'année. Extrait des meilleurs ouvrages anglais, par J. A. G. 1 vol. in-18, avec fig. (*franco : 2 fr. 25*).   2 fr.

Poules (*De l'éducation des*), **Dindes, Oies** et **Canards**, par Alexis ESPANET. 2e édit. 1 vol. in-18, avec fig. (*franco : 1 fr. 15*). 1 fr.

Reine-marguerite (*Culture de la*), par MALINGRE. In-18 (*franco : 45 c.*).   40 c.

Topinambour. — Culture, alcoolisation et panification de ce tubercule, par DELBETZ. 1 vol. in-18 (*franco : 1 fr. 50*).   1 25

Approuvé par la Commission des bibliothèques scolaires.

NOTA. — Toute demande d'envoi d'ouvrages doit être accompagnée d'un mandat-poste au nom de M. GOIN, éditeur; dans le cas contraire, *la demande sera considérée comme non avenue.*

Le Catalogue complet de la Librairie est envoyé *gratis* et *franco* sur demande affranchie.

Je me charge de fournir tous les ouvrages anciens et modernes sur l'AGRICULTURE et le JARDINAGE, le DROIT, la MÉDECINE, la LITTÉRATURE et les SCIENCES DIVERSES.

2689. — Paris, imp. Ch. Noblet, r. Soufflot, 18.